引导性物理实验

主编　王雪珍　蒋剑莉　刘凤

东 南 大 学 出 版 社

·南京·

内 容 提 要

　　本书是编者在对学生做了充分的问卷调查和多年的教学实践基础上，选取了力、热、电、光各三个基础性实验作为主要内容，同时还包括引言、误差理论初步。书中既有基础性较强的实验，比如固体密度的测量、伏安法测量电阻；也有实验现象很显著的实验，比如液体表面张力的测量、用分光计测玻璃三棱镜的折射率；考虑到学生在高中阶段时牛顿力学基础较为扎实，在书末设置了一个开放性力学实验，学生可在气体力桌综合实验平台上自行设计实验内容。不同于其他同类教材，本书在每个实验开头编写了"实验导读"，可使学生充分了解该实验在高中物理实验和大学物理实验中的衔接作用；同时，为提高课堂效率，每个实验都提供了电子课件，大部分实验还提供了操作视频，可扫描实验末的二维码获取。

　　本书可作为高等学校理工科专业的学生学习引导性（预备性）物理实验课程的教材，也可供相关技术人员参考。

图书在版编目(CIP)数据

引导性物理实验 / 王雪珍，蒋剑莉，刘凤主编. —
南京：东南大学出版社，2019.12
　　ISBN　978 - 7 - 5641 - 8677 - 7

　　Ⅰ．①引…　Ⅱ．①王…　②蒋…　③刘…　Ⅲ．①物
理学-实验-高等学校-教材　Ⅳ．①O4-33

　　中国版本图书馆 CIP 数据核字(2019)第 278010 号

引导性物理实验　Yindaoxing Wuli Shiyan

主　　编	王雪珍　蒋剑莉　刘　凤
出版发行	东南大学出版社
社　　址	南京市四牌楼 2 号(邮编：210096)
出版人	江建中
责任编辑	吉雄飞(025 - 83793169,597172750@qq.com)
经　　销	全国各地新华书店
印　　刷	虎彩印艺股份有限公司
开　　本	700mm×1000mm　1/16
印　　张	7.75
字　　数	117 千字
版　　次	2019 年 12 月第 1 版
印　　次	2019 年 12 月第 1 次印刷
书　　号	ISBN　978 - 7 - 5641 - 8677 - 7
定　　价	25.80 元

　　本社图书若有印装质量问题，请直接与营销部联系，电话：025 - 83791830。

序　言

对理工科学生来说，物理无疑是一门非常重要的基础课程。物理学是一门实验科学，物理实验在物理学的产生、发展和应用过程中起着重要作用。大学物理实验是本科生入学后接触到的第一门实践类课程，但大一新生物理实验基础参差不齐，部分学生不太熟悉一些基本物理仪器，比如游标卡尺、螺旋测微器、电表的使用方法；没有接触过一些基本的实验测量方法，比如比较法、逼近法；不太了解一些基本的实验数据处理方法，比如列表法、作图法；同时，他们也缺乏基本实验素养的训练。如此对于一些学生而言，他们可能无法顺利进行大学物理实验课程的学习。为缩小来自不同地区和学校的学生在物理实验基础上的差距，提高大学物理实验课堂效率，夯实理工科学生的物理实验基础，我们编写了本书。

我们在对学生做了充分的问卷调查和多年的教学实践基础上，选取了力、热、电、光各三个基础性实验作为本书的主要内容，同时还包括引言、误差理论初步。书中既有基础性较强的实验，比如固体密度的测量、伏安法测量电阻；也有实验现象很显著的实验，比如液体表面张力的测量、用分光计测玻璃三棱镜的折射率；考虑到学生在高中阶段时牛顿力学基础较为扎实，在书末设置了一个开放性力学实验，学生可在气体力桌综合实验平台上自行设计实验内容。不同于其他同类教材，本书在每个实验开头编写了"实验导读"，可使学生充分了解该实验在高中物理实验和大学物理实验中的衔接作用；同时，为提高课堂效率，每个实验都提供了电子课件，大部分实验还提供了操作视频，可扫描实验末的二维码获取。

本书初稿由王雪珍和蒋剑莉编写。在初稿基础上，蒋剑莉修改了实验1～3；刘凤修改了误差理论初步和实验6；司嵘嵘修改了实验4和实验 7;冯波和王雪珍共同修改了实验 8 和实验 9;王雪珍修改了实验 5,实验 10～12,并新编了实验 13。王雪珍编写了引言部分,对全书进行了统稿,并对个别部分进行了修改。

本书可作为大一新生第一学期选修引导性(预备性)物理实验课程的教材,24 学时修完。在误差理论基础上,各学校可以根据实际情况从中选取 7～8 个实验进行教学。

限于编者的学术水平,本书难免存在错误和不妥之处,望同行老师和同学们在使用过程中提出宝贵意见,我们将在再版时加以纠正,不断完善。

编者
2019 年 9 月于南京

目　录

引　言

　　"引导性物理实验"课程的开设可为高中物理实验基础较差的大一新生提供基本物理实验技能的培训,为其顺利过渡到"大学物理实验"课程奠定基础。作为工科院校学生,培养扎实的实验能力和良好的实验素养对后续课程的学习起着至关重要的作用,而这建立在熟练使用基础实验仪器和掌握基础实验技能的基础上。

一、引导性物理实验的基本内容

　　本课程从基础实验仪器的使用出发,结合高中物理实验,在对学生兴趣和基础进行充分调研的情况下开设 12 个涉及力、热、电、光的基础实验以及 1 个综合开放性实验,学生可在这 13 个实验中选取 7～8 个实验完成该门课程的学习。根据实验难度和自身基础,可单独或由 2 名学生共同完成 1 个实验,且每个实验 3 个学时。对于每个实验,希望学生能明确实验目的,理解实验原理和方法;能控制实验条件,会使用仪器,会观察、分析实验现象,会记录、处理实验数据并得出结论,会对结论进行分析和评价;能发现、提出问题,并制定解决方案;能运用已学过的物理理论、实验方法去处理问题,包括进行简单的设计性实验。通过这门课的学习,目的是让学生提高动手操作能力,掌握基本实验技能,养成规范有序的实验习惯及培养良好的合作精神。具体而言包括以下几点:

　　(1) 会正确使用一些基本仪器,包括刻度尺、游标卡尺、螺旋测微器、天平、秒表、弹簧秤、电流表、电压表、万用表、滑动变阻器、电阻箱、热电偶、分光计等。

　　(2) 会运用一些基本的实验测量方法,如逼近法、补偿法、替换法等。

　　(3) 认识误差问题在实验中的重要性;了解误差的概念,知道系统误差和随机误差;知道用多次测量求平均值的方法来减小随机误差;能在某些实验中分析误差的主要来源(不要求计算误差)。

（4）知道有效数字的概念,会用有效数字表示直接测量的结果(间接测量的有效数字运算不作要求);熟练掌握三种基本的数据处理方法,即列表法、作图法和逐差法。

本书选取的 13 个实验主要涉及基本工具的使用、基本方法的运用和一些常见现象的观察,具体需要掌握的知识点如表 1 所示。

表 1　本书所选实验的主要知识点

序号	实验名称	基本工具的使用	实验测量方法	数据处理方法
1	固体密度的测量	游标卡尺、千分尺、物理天平	比较法	—
2	拉伸法测量金属丝的杨氏模量	刻度尺、千分尺	放大法	逐差法
3	用焦利氏秤测量液体表面张力	游标卡尺	逼近法	逐差法
4	冷却法测量金属的比热容	热电偶	比较法	—
5	混合法测量冰的熔解热	量热器	补偿法	作图法
6	热电偶的定标	热电偶	固定点法	作图法
7	测量电阻的温度特性	—	—	作图法
8	万用表的使用和电表的改装	电流表、万用表	替换法	—
9	伏安法测量电阻	电流表、万用表	伏安法	逐差法作图法
10	用分光计测玻璃三棱镜的折射率	分光计、角度游标卡尺	逼近法	
11	马吕斯定理的验证	光功率计	—	作图法
12	薄透镜焦距的测定	光具座	逼近法	
13	利用气体力桌研究物体的运动	—	—	逐差法

二、引导性物理实验的上课流程

图1给出了本实验课的上课流程,图2给出了在各个环节需完成的实验报告(以"用分光计测玻璃三棱镜的折射率"实验为例)。下面我们针对流程图中的各个环节加以详细说明。

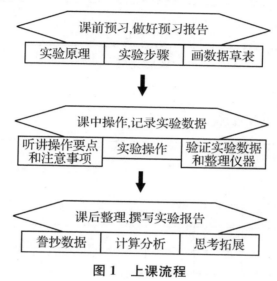

图 1　上课流程

用分光计测玻璃三棱镜的折射率

一、实验目的

(1) 观察光的色散现象;

(2) 通过观察分光计的调节了解分光计的作用和工作原理;

(3) 了解最小偏向角的概念和利用其测量折射率的原理;

(4) 学会使用分光计测量玻璃三棱镜的折射率。

二、实验仪器

分光计、汞灯、三棱镜。

三、实验原理

课前完成

四、实验内容与步骤

课前完成

课后完成

五、实验记录与处理

（1）反射法测三棱镜顶角 A

次数	夹角 φ				$\varphi=\dfrac{\left\|(\theta'_2+\theta''_2)-(\theta'_1+\theta''_1)\right\|}{2}$	$A=\dfrac{\varphi}{2}$	$\overline{A}$
	左游标 θ'_1	右游标 θ''_1	左游标 θ'_2	右游标 θ''_2			
1							
2							
3							

（2）测量最小偏向角 δ_{min}

次数	入射光方位		截止方位		$\delta_{min}=\dfrac{\left\|(\theta'_c+\theta''_c)-(\theta'_i+\theta''_i)\right\|}{2}$	$\overline{\delta}_{min}$
	左游标 θ'_i	右游标 θ''_i	左游标 θ'_c	右游标 θ''_c		
1						
2						
3						

（3）计算折射率

$$n=\frac{\sin\dfrac{\overline{A}+\overline{\delta}_{min}}{2}}{\sin\dfrac{\overline{A}}{2}}=\underline{\qquad}$$

数据草表

课前画数据草表
课中记录原始数据

图2　实验报告各部分完成节点

1. 课前预习,做好预习报告

预习对于实验课来讲是至关重要的。只有在实验之前掌握实验原理、了解实验仪器、知晓实验内容,才能在实验过程中充分发挥主观能动性,才能在完成实验任务的同时培养发现问题、解决问题的能力。因为实验常较基础理论复杂,并且在实验过程中会出现一些意想不到的问题,需要我们具有坚实的理论基础和细致的观察力才有可能发现并解决这些问题,从而逐步形成我们的创新能力。

无论是引导性物理实验,还是大学物理实验,预习报告都是要求完成实验报告册中实验原理和实验步骤部分,了解实验内容,并将数据表格画在数据草表页,供课上记录实验数据时使用。实验原理部分要求我们在仔细阅读教材以及相关扩展资料(可通过二维码或上网查阅)并理解的前提下加以总结,提炼文字内容和相应要点(包含一些重要的图以及公式),同时要保证完整性;在充分了解实验内容的基础上,实验步骤部分可适当简练;最后将数据表格中的原始数据部分或将整个数据表格画于数据草表页。需要说明的是,课中记录的数据不可直接写在数据表格部分,必须先填入数据草表页的草表中,这样可避免正式实验报告的数据表格部分出现涂改。

2. 课中操作,记录实验数据

课中的实验时间是2~3小时,其中指导老师讲解的时间约为半个小时,大部分时间都用来进行具体的实验操作。在操作之前务必仔细听讲每个实验的操作要点和注意事项,然后严格按照实验规范进行实验。对于电路实验,必须确保线路正确后才能合上开关;对于光学实验,切记不可对着强光直接观察。

在实验过程中,有任何疑点可随时向指导老师提问。必须保证实验数据的真实性,严禁抄袭和伪造数据(一旦发现,当次实验成绩以零分计)。实验时如果两人一组,则每位同学必须分工明确,切忌其中一人"袖手旁观""不劳而获"。完成实验内容之后,需将原始数据交由指导老师查阅;待指导老师确认数据合理,并在报告封面相应位置签字后方可认为完成实验任务。然后,回到座位整理好实验器材,关掉电源,摆好凳子,再到讲台上登记实验仪器使用情况,之后才能离开实验室。

3. 课后整理,撰写实验报告

课后需及时整理实验数据,将数据草表上经指导老师确认无误的数据填入正式数据表格中,并完成相应的数据处理任务;同时,就该实验结果进行分析和拓展思考。

大学阶段的物理实验数据处理不同于高中阶段,需要运用误差理论对数据进行分析和处理。本书下一章给出了误差理论初步知识,需要我们了解误差理论一些基本的概念,比如误差、相对误差、有效数字和作图法等。此后,无论是记录数据、处理数据,还是表示最终的结果,均应严格按照误差理论初步知识部分给出的规范要求进行。

一份好的实验报告是我们撰写一篇高质量科技文章的基础,同时撰写实验报告还可以锻炼我们的写作能力和总结工作的能力,而这种能力对我们将来从事任何工作都是大有裨益的。

三、物理实验报告的规范性和常见错误解析

这里,我们以几份具体的实验报告为例来说明。

1. 实验原理部分的描述

实验原理部分需要结合教材上的描述,力求完整、简洁、条理清楚、要点齐全,并需包含重要的公式和图。下面左边的二维码提供了两个不当原理描述示例,其中一个缺少主要公式,另一个原理描述不完整,整体略显不整洁。

原理描述分析　　　　　规范和不规范步骤
示例(文档)　　　　　　描述示例(文档)

2．实验步骤方面的描述

对于实验步骤,在未做实验之前我们可能体会不深,但随着互联网教育的发展,无论是教材还是网上资源都比较丰富,可在实验之前通过这些资源学习实验内容,事先总结步骤。规范与不规范的实验步骤描述示例请扫描上面右边的二维码获取。

3．实验数据处理方面的问题

实验数据处理方面的问题较多,主要体现在以下三个方面:

（1）原始数据和结果的有效数字位数不当

在记录原始数据时,有效数字的位数需遵从仪器的精度;在表示测量结果时,有效数字位数的确定则隐含了测量结果的精确度。因此,原始数据和结果的有效数字位数不可随意添加和舍去。对于计算结果来说,其有效数字位数需遵从有效数字的运算规则。当然,在引导性物理实验阶段,我们尚未涉及有效数字的运算规则,但应该明了每一个具有明确物理意义的测量结果的有效数字位数具有一定的规范要求。下面的二维码给出的示例显示"原始数据的有效数字位数不当"以及"结果表示的有效数字位数不当"。

有效数字分析示例(文档)

（2）不携带物理量单位

物理实验不同于数学计算，其数值大小取决于单位的选取，因此严格来讲没有携带单位的数据不能称之为一个物理量。然而，实验报告中不携带单位的现象还是时有发生。

（3）作图不规范

作图法的基本步骤参见下一章误差理论初步。作图法是物理实验课程（包括引导性物理实验、大学物理实验、近代物理实验等）中一个非常重要的数据处理方法，也是实验报告中最容易出现问题的一个环节。

作图的不规范性主要体现在以下几个方面：

① 通过实验点代入，而不是通过图本身得出相应参数；

② 通过实验点画折线；

③ 坐标轴不规范（坐标分度不合适、分度值有效数字不当、坐标轴没有标明物理量单位、坐标轴取值范围不合适）；

④ 拟合直线或曲线不光滑；

⑤ 没有图名。

很多同学不能真正理解作图的意义，为了作图而作图，而不是通过作图来达到相应的目的。作图的宗旨是通过大量个体获得一种总体规律，而这个规律体现了两个物理量之间的制约关系。通常的制约曲线往往是光滑的，因此通过实验点描折线是一种背离作图宗旨的完全错误的做法。

在理解了作图的意义之后，我们需要规范作图的要点，包括坐标轴的规范性、曲线的光滑度，以及图名和一些重要的参数说明。下面的二维码给出了不规范作图示例及解析。

作图不规范分析示例（文档）

4. 其他问题

在实验报告中还会出现的问题包括实验报告涂改严重、所得结果并非原始数据计算结果、未将草表上的原始数据誊抄到数据表格里等等。

下面的二维码给出了一份规范的实验报告示例。一份规范的实验报告有助于我们更加深入地总结实验,展现实验结果,更好地与同行沟通交流。希望同学们在引导性物理实验阶段能有一个良好的开端,为后续学习大学物理实验课程以及专业实验课程奠定良好的基础。

规范的实验报告示例(文档)

误差理论初步

一、误差理论基础

1. 测量与误差的关系

物理实验离不开测量。测量分为两种：由仪器直接读出测量结果的叫做直接测量；利用直接测量的量与待测量之间的已知函数关系，经过运算才能得出结果的叫做间接测量。每一个待测物理量在一定实验条件下具有确定的大小，称为该物理量的真值。在实际测量中，由于测量方法不完善，以及所依据的理论不严密、实验仪器分辨率或灵敏度的局限、实验环境不稳定、实验者感官灵敏度有限等原因的影响，测量结果不可能绝对准确。我们将待测物理量的真值与测量值之间的偏差称为测量误差，即

$$测量误差＝测量值－真值$$

误差反映了测量值偏离真值的大小和方向。测量与误差是形影不离的。

2. 系统误差和随机误差

测量误差根据其性质，分为系统误差和随机误差两种。

系统误差是指被测物理量在同一测量条件下的多次测量中，保持恒定或以可预知的方式变化的测量误差的分量。系统误差的产生原因主要是实验方法不够完善、实验仪器存在固有缺陷以及实验环境偏离标准条件等。例如，伏安法测电阻时未考虑电表内阻的影响、电表的示值不准或零点未调好、仪器使用环境的温度或压强偏离标准条件等。其基本特点是具有确定性，即相对于真实值而言，实验结果总是偏大或偏小。

我们可以通过改进实验方法、提高实验仪器的测量精确度等方法来减小系统误差。

随机误差是指在同一被测物理量的多次测量中,以不可预知的方式变化的测量误差的分量。随机误差由各种偶然因素对实验者和实验仪器的影响而产生。例如,用刻度尺多次测量长度时估读值的差异、电源电压的波动引起的测量值微小变化等等。其基本特点是具有随机性,即多次重复同一测量时,随机误差有时偏大,有时偏小,且偏大和偏小的机会比较接近。我们可以通过多次测量取平均值来减小随机误差。

3. 绝对误差和相对误差

一个测量结果的优劣常用绝对误差和相对误差来反映。绝对误差是测量值与真值之差,即

$$绝对误差 = 测量值 - 真值$$

它反映了测量值偏离真值的大小和方向。相对误差等于绝对误差的绝对值与真值之比,即

$$相对误差 = \frac{|绝对误差|}{真值}$$

它常用百分数表示,反映了误差的严重程度。评价两个测量值优劣时,必须考虑相对误差,而绝对误差大者,其相对误差不一定大。

二、有效数字

任何物理量的测量结果都有一定的精度限制,因此测量结果的数字不需要无限制地写下去,而是采用有效数字方法来表示。一般有效数字由若干位准确数字和一位可疑数字构成。

1. 有效数字的位数

从左侧第一个不为零的数字起到最末一位数字止,共有几个数字,就是几位有效数字。例如,0.0923,0.09230,2.0140 有效数字的位数依次为 3 位、4 位和 5 位。

2. 有效位数与十进制单位的换算

有效数字的位数与十进制单位的换算无关。例如

12.06 cm＝0.1206 m＝0.0001206 km

它们的有效位数都是 4 位。

3. 科学记数法

科学记数法的形式为 $K \times 10^n$，其中 $1 \leqslant |K| < 10$，n 为整数。一个大的数字例如 36500，如果第 3 位数"5"已不可靠时，应记作 3.65×10^4；如果是第 4 位数不可靠，则应记作 3.650×10^4。在记录实验测量结果时，我们推荐使用科学记数法。

三、数据处理方法

数据处理是任何实验必不可少的一个重要环节。对实验测量收集的大量数据进行一定的整理和归纳，方能达到认识事物内在规律的目的。本书涉及的常用数据处理方法包括列表法、作图法、逐差法等。

1. 列表法

列表法是将实验中得到的数据按一定规律列成表格的一种数据处理方法。它的优点是使物理量之间对应关系清晰明了，有助于实验者发现实验规律，同时有助于实验者发现实验中的差错。列表的基本要求如下：

(1) 各栏目(纵与横)均应标明名称和单位；

(2) 原始数据应列入表中，计算过程中一些中间结果和最后结果也可列入表中；

(3) 栏目之间的排列应注意数据间的联系和计算顺序，力求简明、齐全、有条理；

(4) 若是函数关系测量的数据表，应按自变量由小到大(或由大到小)的顺序排列数据；

(5) 必要时可附加一些说明文字。

2. 作图法

作图法是一种非常重要的数据处理方法，它不仅仅体现在物理实验课程的学习上，还体现在后续各种专业实验以及科学研究实验中。作图的目的主要有两个，一是图示，即展现某些实验规律；二是图解，即求解某些物理量的大小。图示和图解的共同点在于都要清晰明了地在合适的坐标纸上显示出两个物理量之间的关系，而这种关系是根据各个实验点获得的，因此作图是一个由大量个体获得总体规律的过程。

作图法可形象、直观地显示出物理量之间的函数关系。作图前先要整理出数据表格，然后在坐标纸上或通过作图软件作图。作图法的基本步骤包括：

（1）选取坐标纸：根据实验情况，可选用线性直角坐标纸、单对数坐标纸、双对数坐标纸、极坐标纸等。普通物理实验中一般选用线性直角坐标纸。此外，由于直线最容易绘制，如两个变量并非线性关系，最好通过适当的变换将其转变成线性关系后再处理。如 $y=ae^{bx}$，两边取自然对数，可得 $\ln y=\ln a+bx$，此时 $\ln y$ 和 x 为线性函数关系。

（2）确定坐标轴和标注坐标分度：首先是确定坐标轴，通常以自变量为横轴，因变量为纵轴；然后顺轴的方向标明该轴所代表的物理量名称和单位；最后在轴上均匀地标注该物理量的分度值。需要注意的是，坐标分度以不用计算便能确定各点的坐标为原则，一般只用 1，2，5 进行分度；坐标分度值不一定从零开始，而是根据原始数据范围确定起点和终点，这样可使图形能较大程度地充满整张图纸。

（3）标明实验点：用明确的符号准确地标明实验点，常用的符号有 +，×，▲，○，□ 等。同一坐标系下，不同曲线中的实验点用不同的符号表示。

（4）绘制图线：根据图纸上各实验点的分布和趋势，通过直尺、曲线板作出一条光滑的直线或曲线。需要注意的是，各个实验点是个体，所描绘的直线或曲线是总体，不强求所有实验点都在拟合直线或曲线上，但应使尽可能多的实验点处于其上，其他数据点均匀分布在直线或曲线的两侧。

（5）注解和说明：一般在图的下方居中位置标注图的序号和名称。此外，必要时可在图上空白位置标明实验条件以及从图上得出的某些实验参数。

下面我们以伏安法测量电阻为例说明作图的基本步骤。表 1 给出了温度为 298 K 时伏安法测得的实验数据,根据这些数据在直角坐标系下作出的图如图 1 所示(以"○"符号标出的为实验点,再由实验点获得拟合直线)。从图中可以看到,在该温度下电阻的电压和电流满足线性关系。从拟合直线上取 A,B 两点,可以根据两点法求得直线的斜率,即为此电阻的阻值大小。

表 1　伏安法测量电阻实验数据($T=298$ K)

U/V	0.72	1.52	2.32	3.09	3.67	4.49	5.24	5.98	6.74
I/mA	2.01	3.99	6.45	8.09	9.66	12.10	13.88	15.73	18.22

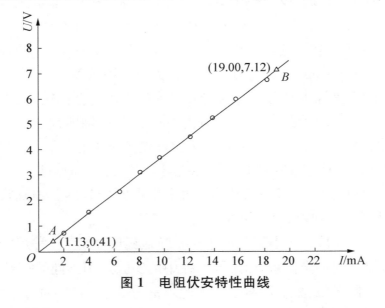

图 1　电阻伏安特性曲线

3. 逐差法

逐差法适合于两个被测量之间存在多项式函数关系且自变量为等间距变化的情况。逐差法分为逐项逐差和分组逐差。逐项逐差是把实验数据进行逐项相减,通常用于验证被测量之间是否存在多项式函数关系;分组逐差则是将数据分为高低两组,实行对应项相减,从而可以充分利用数据,较准确地求得多项式的系数。下面以拉伸法测弹簧的劲度系数为例来说明如何使用逐差法。

设实验时等间隔地在弹簧下加砝码(如每次加 1 g),共加 9 次,分别记下对应弹簧下端点的位置 $L_0, L_1, L_2, \cdots, L_9$，则可用逐差法进行以下处理：

（1）用逐项逐差法验证函数形式是否为线性关系

用逐项逐差法把所得数据逐项相减，即

$$\delta L_1 = L_1 - L_0$$

$$\delta L_2 = L_2 - L_1$$

$$\vdots$$

$$\delta L_9 = L_9 - L_8$$

看 $\delta L_1, \delta L_2, \cdots, \delta L_9$ 是否基本相等。当 $\delta L_i (i=1,2,\cdots,9)$ 基本相等时，就验证了外力与弹簧的伸长量之间的函数关系是线性的，即 $F = k\delta L$。

（2）用分组逐差法求弹簧的劲度系数

求弹簧的劲度系数需先求弹簧的伸长量 δL。若采用逐项逐差后再求平均的方法，有

$$\delta L = \frac{\delta L_1 + \delta L_2 + \cdots + \delta L_9}{9} = \frac{L_1 - L_0 + L_2 - L_1 + \cdots + L_9 - L_8}{9}$$

$$= \frac{L_9 - L_0}{9}$$

可见中间的测量项全部抵消，仅始末两项发挥了作用，如此处理数据是不好的。

这里推荐采用分组逐差法，将数据分为高组 $(L_5, L_6, L_7, L_8, L_9)$ 和低组 $(L_0, L_1, L_2, L_3, L_4)$，求得

$$\delta L = \frac{1}{5 \times 5} \left[(L_5 - L_0) + (L_6 - L_1) + \cdots + (L_9 - L_4) \right]$$

因为分组逐差法充分利用了各测量项，所以比逐项逐差法有利于减小误差。

四、测量仪器的使用

使用测量仪器前，需要先了解测量仪器的量程、精确度和使用注意事项。

1. 注意所选仪器的量程

了解测量仪器的量程是保护测量仪器的前提条件。很多测量仪器，特别是天平、弹簧秤、温度计、电流表、电压表、多用电表等，超量程使用会损坏仪器，所以实验时要根据实验的具体情况选择量程适当的仪器。使用电流表、电压表时，选用量程过大的仪器会造成采集的实验数据过小，相对误差偏大，因此应选择使测量值位于电表量程的 1/3 以上的电表；使用指针万用表测电阻时应选择适当的挡位，使其示数在表盘的中值附近。

2. 注意所选仪器的精确度

实验仪器的精确度直接影响着测量读数有效数字的位数，因此在使用前应先了解仪器的精确度，即看清仪器的最小刻度。我们实验时常选用的仪器中，螺旋测微器和秒表的最小刻度是一定的；游标卡尺上游标尺的最小刻度、天平游码标尺的最小刻度、弹簧秤的最小刻度，通常会因为仪器的不同而有所差异；电流表、电压表和多用电表，则是所选挡位不同导致最小刻度不同，因此在进行电表仪器读数时一定要看清楚所选择的挡位。

实验一　固体密度的测量

原理难度系数:★★★　　　　**操作难度系数:★★★**

实验导读:本实验从固体密度测量出发,熟悉最基本的长度测量工具——米尺、游标卡尺和螺旋测微器(千分尺)的读数规则,掌握物理天平的使用方法。米尺、游标卡尺以及千分尺在大学物理实验阶段的使用频次非常高,初入大学阶段的部分同学在读数方法和读数规范性方面尚存误区。天平是采用平衡原理进行称量的质量测量工具,虽然目前多使用电子天平,但采用杠杆平衡原理的物理天平具有更强的操作性,对提高动手能力不无裨益。

实验背景:规则固体密度的测量最终归结为固体质量的测量和体积的测量。物体质量的测定是科研及实验中一个重要的物理基本量测定。称衡物体质量的仪器种类很多,但大多是以杠杆定律为基础设计的,例如本实验用的物理天平。对于规则的固体,其体积的测量可归结为长度的测量。长度是三个力学基本量之一,不仅测量长度的仪器在生产和科学实验等领域有着极为广泛的应用,同时测量长度的方法也是测量其他物理量的基础。对于不规则固体的密度可用流体静力称衡法测量。本实验主要研究的是规则固体密度的测量。

一、实验目的

(1)掌握测定规则固体密度的方法;

(2)掌握物理天平、游标卡尺、螺旋测微器的使用方法。

二、实验仪器

物理天平、游标卡尺、螺旋测微器。

三、实验原理

对一密度均匀的固体,若其质量为 m,体积为 V,根据密度的定义可知 $\rho = \dfrac{m}{V}$。其中,质量 m 可由物理天平测出,规则固体的体积 V 可通过测量长度再代入体积公式计算求出。

1. 用物理天平测量物体的质量

（1）物理天平的构造

物理天平的构造如图 1.1 所示。天平横梁中点和两端共有三个刀口,其中两端的刀口向上,分别用来承挂左右秤盘;中间的刀口向下,放在刀承平面上,称衡时全部重量(包括横梁、秤盘、砝码、待测物)都由中间刀口承担。横梁上附有可以移动的游码,作为小砝码使用。横梁中部装有一根与之垂直的指针。立柱下部有一刻有等分刻度的标尺,通过指针在标尺上的示数,可以判断天平是否达到平衡。横梁两侧还有用来调整零点的平衡螺母。在立柱底部有一制动旋钮,转动它可使刀承上下升降。平时应使刀承降下,让横梁搁在两个托承上,仅在判断天平是否平衡时才使刀承上升。天平底座上附有水准器。在载物托盘的上方有一可以放置物品的托架,其作用是为了方便某些实验,例如利用阿基米德原理测量非规则物体的体积实验等。调节重心螺丝的高低可以改变天平的灵敏度,重心螺丝的位置越高,则天平的灵敏度越高。需要说明的是,仪器出厂时重心螺丝已调好,一般情况下我们不宜调节。

（2）物理天平的使用程序

① 调节刀承的水平

调节底脚螺丝,使水准器的气泡居中。此时立柱处于铅直方向,立柱上部的刀承处于水平面,因此称衡时刀口不致滑移。

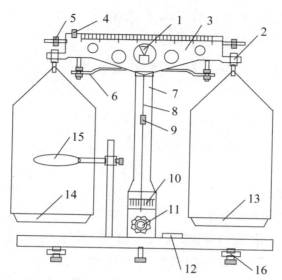

1—中间刀口；2—边刀；3—横梁；4—游码；5—平衡螺母；6—托承；7—立柱；
8—读数指针；9—重心调节螺丝；10—标尺；11—制动旋钮；12—水准器；
13—砝码托盘；14—载物托盘；15—托架；16—底脚螺丝

图 1.1　物理天平的结构图

② 零点调节

在横梁两侧刀口上挂上秤盘，并将游码放在零位处，转动制动旋钮，使刀承上升托起刀口，观察指针尖在标尺上的位置，如果不在标尺零点，应先制动，使刀承下降，然后调节横梁两边的平衡螺母；再启动横梁，观察指针位置……直至指针摆动时其针尖的平衡位置位于标尺零点为止。最后仍须制动，使刀承和横梁下降。

③ 称衡

将待测物放左盘、砝码放右盘进行称衡。选用砝码的次序应遵循由大到小、逐个试用、逐次逼近的原则，直至最后利用游码使天平平衡。必须注意的是，挪动或放置砝码应使用专门的镊子，并且加减砝码和移动游码时均需先将横梁和刀承降下。

④ 读数

从砝码盒中取出砝码时需数读一次总值，从秤盘取下砝码放回砝码盒时需再数读一次，核对两次读数，以免差错。称衡结束后应降下刀承，使横梁固定不动；将秤盘从两端取下，挂在横梁刀口的边上；砝码要全部归入砝码盒，游码应移至左边零刻线处。

2. 用游标卡尺和螺旋测微器测量长度

(1) 游标卡尺

为了提高测量精度，通常在主尺上设计一个可以沿尺身移动的游标，这就是游标卡尺。游标卡尺可用来测量物体的长度、槽的深度及圆环的内外径等。

① 基本结构

游标卡尺的结构如图 1.2 所示。主尺 D 是一根钢制的毫米分度尺，主尺上附有外量爪 A 和内量爪 B，游标 E 上有相应的外量爪 A'、内量爪 B' 以及深度尺 C，且游标紧贴主尺滑动。量爪 AA' 用来测量厚度或外径，量爪 BB' 用来测量内尺寸，深度尺 C 用来测量槽、不通孔等的深度。F 是固定游标的螺钉，读数时为避免游标自行滑动而造成读数误差，可将 F 旋紧，以固定游标在主尺的位置。

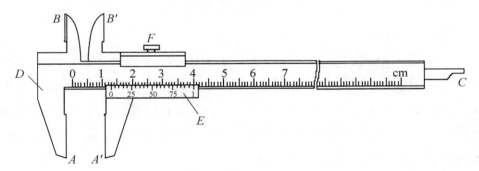

图 1.2 游标卡尺示意图

② 游标原理

游标上的分度值 a 与主尺分度值 b 之间有一定的关系。通常游标上 n 个分度的长度与主尺上 $(n-1)$ 个分度的长度相等，即

$$na=(n-1)b$$

则主尺与游标上每个最小分格之差 δ 为

$$\delta=b-a=\frac{b}{n}$$

差值 δ 通常被称为游标卡尺的最小分度,它表示了游标卡尺能读准的最小分度值。

常用的游标卡尺有如图 1.3 所示的 10 分度,如图 1.4 所示的 20 分度,还有 50 分度,它们对应的游标分格数分别为 10,20 和 50,而主尺的最小分格均为 1 mm,则以上游标卡尺的最小分度分别为 0.1 mm,0.05 mm 和 0.02 mm。

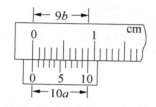

图 1.3　10 分度游标原理

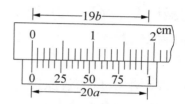

图 1.4　20 分度游标原理

③ 游标卡尺的读数

我们以 50 分度游标卡尺(如图 1.5 所示)为例进行分析。先读出主尺上与游标"0"刻线对应的整数刻度值,即 6 mm。再从游标上读出与主尺某一刻线对准的刻线,并用该读数乘以最小分度值 0.02 得到小数部分。图 1.5 中游标的第 9 条线与主尺某刻线对齐,则小数位读数为

$$9 \times 0.02 \text{ mm} = 0.18 \text{ mm}$$

最后将上面的整数和小数部分相加,即得总读数为

$$6 \text{ mm} + 9 \times 0.02 \text{ mm} = 6.18 \text{ mm}$$

图 1.5　50 分度游标卡尺读数实例

此例中,因游标在 5 的整数倍刻度处标注了读数,第 9 条线即为游标读数为 2 的前一条线,因此可直接读出测量结果为 6.18 mm。

④ 游标卡尺的使用注意事项

使用游标卡尺测量前应先检查零点,即合拢量爪,检查游标零线和

主尺零线是否对齐,如零线未对齐,应记下零点读数加以修正;不允许在卡紧的状态下移动卡尺或挪动被测物,也不能测量表面粗糙的物体,因为一旦量爪磨损,游标卡尺就不能作为精密量具使用了;游标卡尺使用完后应放回盒内,不得乱丢乱放。

（2）螺旋测微器

螺旋测微器是比游标卡尺更精密的长度测量仪器,根据螺旋推进原理和机械放大原理设计,常用于测量细丝和小球的直径以及薄片的厚度等。螺旋测微器所测量的数据可读到 1/1000 mm 位,因此又被称作千分尺。

① 基本结构与读数原理

螺旋测微器的外形如图 1.6 所示。它的主要部分是一测微螺杆,螺距为 0.500 mm。螺杆与旋柄相连,柄上附有沿圆周的刻度（微分筒）,共有 50 个相等的分格。当微分筒上刻度对固定套管上读数准线转过一个分格时,螺杆沿轴线方向移动 0.500 mm/50＝0.010 mm。

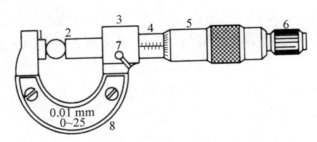

1—测砧;2—测微螺杆;3—螺母套管;4—固定套管;

5—微分筒;6—棘轮旋柄;7—锁紧装置;8—尺架

图 1.6　螺旋测微器示意图

② 读数方法

使用螺旋测微器测量物体长度时,应先把测微螺杆后退,将待测物体置于测砧与测微螺杆之间,再旋转棘轮旋柄,使测杆和测砧的测量面刚好与物体接触。可在旋转棘轮旋柄时听到"咔咔"两下声响后停止旋转,然后开始读数。首先在固定套管主尺上,从微分筒的端面读取整数格（每格 0.500 mm）对应的长度读数（读数时看微分筒端面左边固定套筒上露出的数字,也即主尺上的读数);然后在微分筒上读取 0.500 mm 以下的读数,最后一位要估读(读数时,看微分筒上是哪一条刻线与固定套筒的读数准线重合);最后将测量结果的两部分相加,即为所求的测量结果。图 1.7 给出了使用螺旋测微器具体读数的实例。其中,图 1.7(a) 主尺读数 5.5 mm,微分筒读数 0.150 mm,总读数 5.650 mm;图 1.7(b) 主尺读数 5.0 mm,微分筒读数 0.150 mm,总读数 5.150 mm。

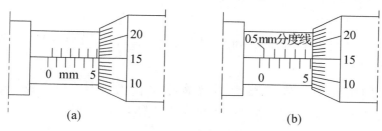

图 1.7 螺旋测微器读数实例

③ 螺旋测微器的使用注意事项

a) 测量前检查零点读数,并根据零点读数对测量结果作相应修正。

当螺旋测微器的测微螺杆与测砧接触时,微分筒上的"0"刻线应当与固定套管上的读数准线对齐,否则表明有零点读数,应将其记录,并在测量结束后对测量读数进行修正。下面我们以图 1.8 所示两种零点读数的例子来说明,由于零点对应的位置不同,测量完成后要从测量值的平均值中减去或者加上零点读数。

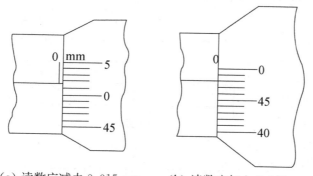

（a）读数应减去 0.015 mm　　（b）读数应加上 0.020 mm

图 1.8 螺旋测微器读数的修正

b) 检查零点读数和测量长度时,不可直接转动测微螺杆和微分筒,而应轻轻转动棘轮旋柄。待测物刚好被夹住时可听到"咔咔"的声响,此时应停止转动,打开锁紧装置并开始读数。

c) 测量完毕应关闭锁紧装置,同时使测砧和测微螺杆之间保留一定的空隙,以防热膨胀而损坏螺旋测微器。

四、实验内容和数据表格

(1) 用物理天平称出不同材料长方体金属块和圆柱体金属块在空气中的质量 m;

(2) 用游标卡尺或者螺旋测微器测量长方体块的长、宽、高或圆柱体块的底面直径和高(注意:两种工具都要使用到);

(3) 计算金属块的体积 V;

(4) 根据密度的计算公式 $\rho = m/V$,计算金属的密度 ρ。

以上数据均填入表 1.1 中,并对数据进行处理。

表 1.1　规则固体密度的测定

样品材料	被测量	测量工具	零点读数	1	2	3	平均	校准后读数
长方体块样品材料:_____	质量 m(g)							
	长 l(mm)							
	宽 w(mm)							
	高 h(mm)							
	体积 V(mm³)							
	密度 ρ(g/mm³)							
	相对误差 E(%)							
圆柱体块样品材料:_____	质量 m(g)							
	直径 d(mm)							
	高 h(mm)							
	体积 V(mm³)							
	密度 ρ(g/mm³)							
	相对误差 E(%)							

五、注意事项

（1）当物理天平不在称衡状态以及加减砝码和移动游标时，均应使刀承和横梁降下；

（2）游标卡尺和螺旋测微器使用完毕应放回盒内。

六、思考题

（1）用物理天平称量物体前必须对天平做哪些调整？在称量物体时能否将砝码和待测物体位置交换？为什么？

（2）如果待测物体是非规则固体，该如何测出其密度？

（3）游标卡尺由几部分组成？如何进行测量操作？如何读数？

（4）螺旋测微器由几部分组成？如何进行测量操作？如何读数？零点读数怎么读？使用完需要注意什么事项？

附表　常温常压下常见固体密度表

物质名称	铱	金	铅	银
密度 $\rho(kg \cdot m^{-3})$	22.5×10^3	19.3×10^3	11.3×10^3	10.5×10^3
物质名称	铜	钢、铁	铝	花岗岩
密度 $\rho(kg \cdot m^{-3})$	8.9×10^3	7.9×10^3	2.7×10^3	$(2.6 \sim 2.8) \times 10^3$
物质名称	砖	冰	蜡	干松木
密度 $\rho(kg \cdot m^{-3})$	$(1.4 \sim 2.2) \times 10^3$	0.9×10^3	0.9×10^3	0.5×10^3

固体密度的
测量(文档)

调节水准仪气泡
居中(视频)

物理天平的零点
调节(视频)

用物理天平称衡
质量(视频)

实验二　拉伸法测量金属丝的杨氏模量

原理难度系数：★★★　　　　**操作难度系数：★★★★★**

实验导读：托马斯·杨(Thomas Young,1773—1829)是一位百科全书式的学者,1801 年他进行了著名的杨氏双缝实验,发现了光的干涉性质,证明光以波动形式存在(该实验被评为"物理最美实验"之一);1807年他定义了"材料的弹性模量",即杨氏模量。拉伸法测量金属丝的杨氏模量是力学基础实验之一,该实验原理直观、设备简单,测量方法、仪器调整、数据处理等方面都具有代表性,且实验过程具有一定的趣味性;同时,该实验采用光杠杆法测量微小位移量具有一定的操作难度,需两位同学协作完成,可培养动手能力和协作能力。

实验背景：杨氏模量(亦称杨氏弹性模量)是沿纵向的弹性模量,也是材料力学中的一个名词。杨氏模量是描述材料形变能力大小的重要物理量,其大小反映了材料的刚性,杨氏模量越大,则材料越不容易发生形变。因此,杨氏模量是选定机械构件的依据之一,也是工程技术中常用的重要参数。

一、实验目的

(1) 学会用拉伸法测量金属丝的杨氏模量;
(2) 掌握用光杠杆测量微小长度变化的原理和方法;
(3) 学习用逐差法处理实验数据。

二、实验仪器

金属丝杨氏模量测定仪(一套)、光杠杆、望远镜、钢卷尺、钢板尺、米尺、螺旋测微器、重锤等。

三、实验原理

1. 杨氏模量

设粗细均匀的金属丝长为 L,横截面积为 S,在拉力 F 的作用下,金属丝伸长 ΔL。通常我们把单位横截面积上所受的力 F/S 称为应力(又叫胁强),而单位长度的伸长 $\Delta L/L$ 称为应变(又叫胁变)。由胡克定律,在弹性范围内,应力与应变成正比,即

$$\frac{F}{S} = Y \frac{\Delta L}{L} \tag{2.1}$$

则

$$Y = \frac{F/S}{\Delta L/L} \tag{2.2}$$

式(2.2)中,比例系数 Y 即为杨氏模量,它的大小表征金属丝形变能力的强弱,数值上等于产生单位应变的应力。在国际单位制中,杨氏模量的单位是帕斯卡(牛顿/米^2),记为 $Pa(N \cdot m^{-2})$。

设实验中所用钢丝直径为 d,那么钢丝横截面积 $S = \pi d^2/4$,则杨氏模量可进一步表示为

$$Y = \frac{4FL}{\pi d^2 \Delta L} \tag{2.3}$$

式(2.3)中,F,L,d 用一般的测量仪器很容易测得;ΔL 是一个微小长度变化量,本实验利用光杠杆系统来测量。

2. 光杠杆原理

如图 2.1 所示,光杠杆测量系统由光杠杆镜架和镜尺装置组成。光杠杆镜架的结构见图 2.2,在 T 形架上垂直放置一平面镜,T 形架上附有三个尖足,连接三个尖足可形成一等腰三角形;刀口 OO' 与平面镜在

同一平面内(平面镜俯仰方位可调),后足尖 K 在刀口 OO' 的中垂线上,且 K 到 OO' 的距离 H 可调。镜尺装置由一把竖立的毫米刻度尺和尺旁的测量望远镜组成。

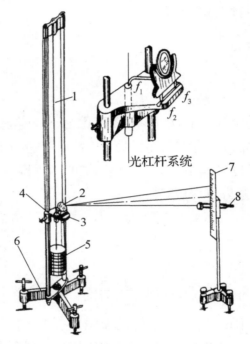

1—金属丝;2—光杠杆镜架;3—平台;4—挂钩;
5—砝码;6—三角底座;7—标尺;8—望远镜

图 2.1　杨氏模量测定仪及其光杠杆系统示意图

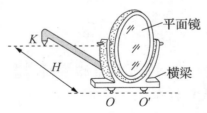

图 2.2　光杠杆镜架结构

如图 2.3 所示,将光杠杆镜架和镜尺装置放好,调节光杠杆使望远镜中能看到经由光杠杆平面镜反射的标尺像。设开始时,光杠杆的平面镜竖直并处于位置 M,望远镜十字线横线处在标尺刻度 N_0 处。当挂上重物使细钢丝受力伸长后,光杠杆的后足尖 K 随之绕刀口 OO' 降 ΔL,光杠杆平面镜转过一较小角度 θ 处于位置 M',其法线也转过同一角度 θ,此时望远镜十字线横线处在标尺刻度 N_1 处。由图 2.3 所示的几何关系可知,当平面镜处于 M 位置时,平面镜的入射光线和反射光线都沿着线 1;当平面镜处于 M' 位置时,平面镜的入射光线是线 2,反射光线是线 1,光线 2 和光线 1 之间的夹角为 2θ。令 $N_1-N_0=\Delta N$,由图 2.3 知

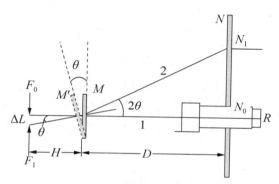

图 2.3　光杠杆原理图

$$\tan\theta=\frac{\Delta L}{H}, \quad \tan2\theta=\frac{\Delta N}{D}$$

式中,D 为标尺到平面镜的距离。因偏转角度 θ 很小,即 $\Delta L\ll H$,$\Delta N\ll D$,所以近似有

$$\theta\approx\frac{\Delta L}{H}, \quad 2\theta\approx\frac{\Delta N}{D}$$

则

$$\Delta L=\frac{H}{2D}\cdot\Delta N \tag{2.4}$$

由式(2.4)可知,微小变化量 ΔL 可通过较易准确测量的 H,D,ΔN 间接求得。

实验中取 $D\gg H$,光杠杆的作用是将微小长度变化 ΔL 放大为标尺上相应位置变化 ΔN,即 ΔL 被放大了 $2D/H$ 倍,这就是光杠杆的优点。

将式(2.4)代入式(2.3),可得

$$Y=\frac{8LD}{\pi d^2 H}\cdot\frac{F}{\Delta N} \tag{2.5}$$

从而可算出杨氏模量 Y。

四、实验内容和数据表格

1. 杨氏模量测定仪及其光杠杆系统的调整

(1) 调节杨氏模量测定仪底座上的 3 个螺栓,使支架、细钢丝竖直,平台水平。

(2) 将光杠杆镜架放在平台上,并将其刀口 OO' 放在平台前面的 V 形槽中,后足尖 K 放在钢丝下端的夹头上适当位置(注意不要放在夹缝中,不要靠着圆孔边,更不能与钢丝接触)。

(3) 将望远镜放在离光杠杆镜面 1.5~2.0 m 处,并使二者处于同一高度。调整光杠杆镜面竖直、标尺竖直,调节望远镜水平,并对准平面镜中部。

(4) 整体移动镜尺装置,同时用眼睛从望远镜上方目镜处的缺口向物镜处上方的准星望去,瞄准光杠杆的平面镜,直至找到直尺的像。

(5) 从望远镜中观察并调节物镜使平面镜中反射的直尺像清晰可辨,再调节目镜使望远镜中的叉丝清晰,并将叉丝调到水平位置。

(6) 试加 8 个砝码,从望远镜中观察是否看到刻度(目的是估测一下满负荷时标尺读数是否够用);若无,应将刻度尺上移至能看到刻度。调好后取下砝码。

2. 测量

(1) 先逐个加砝码,且每加 1 个砝码(1 kg)就记录 1 次标尺的位置 N_i,共加 8 个;然后依次减砝码,且每减 1 个砝码就记下相应的标尺位置 N_i'(N_i' 是从 $(i+1)$ kg 减到 i kg 后的标尺读数)。将数据填入表 2.1,并采用逐差法处理数据。

(2) 在钢丝上选不同部位及方向,用螺旋测微器测量其直径 d(重复测量 3 次)。将数据填入表 2.2,并处理数据。

(3) 用钢卷尺或米尺测出钢丝原长(两夹头之间部分)L 以及标尺到平面镜的距离 D。取下光杠杆镜架,在展开的白纸上同时按下足尖 K

和刀口 OO' 的位置,用直尺作出 K 到 OO' 连线的垂线段,用毫米刻度尺测量光杠杆常数 H。将数据填入表 2.3,并结合前面的处理结果得出杨氏模量。

表 2.1 记录加减砝码后标尺的读数

次数	砝码质量 (kg)	标尺读数(mm)			砝码质量相差 4.00 kg 时标尺平均读数差(mm)
		加砝码 N_i	减砝码 N'_i	$\overline{N}_i=\dfrac{1}{2}(N_i+N'_i)$	
1	1.00	N_1	N'_1		$\Delta N_1=\overline{N}_5-\overline{N}_1=$
2	2.00	N_2	N'_2		$\Delta N_2=\overline{N}_6-\overline{N}_2=$
3	3.00	N_3	N'_3		$\Delta N_3=\overline{N}_7-\overline{N}_3=$
4	4.00	N_4	N'_4		$\Delta N_4=\overline{N}_8-\overline{N}_4=$
5	5.00	N_5	N'_5		
6	6.00	N_6	N'_6		$\overline{\Delta N}=\dfrac{\Delta N_1+\Delta N_2+\Delta N_3+\Delta N_4}{4}$
7	7.00	N_7	N'_7		$=$
8	8.00	N_8	N'_8		

表 2.2 千分尺测钢丝直径 d 数据表

零点读数:_____

序号	1	2	3	平均值	校正值
直径 d(mm)					

表 2.3 杨氏模量计算表格

L(mm)	D(mm)	H(mm)	$\overline{\Delta N}$(mm)	$\overline{d}$(mm)	F(N)	
						$Y=$

五、注意事项

(1)实验系统调好后,一旦开始测量 N_i,在实验过程中绝对不能对系统的任一部分进行任何调整;否则,所有数据必须重新测量。

（2）加减砝码时须轻拿轻放，以免钢丝摆动造成光杠杆镜架移动。

（3）注意保护平面镜和望远镜，不能用手触摸镜面。

（4）实验完成后应及时将砝码取下，以防钢丝疲劳。

六、思考题

（1）材料相同但粗细、长度不同的两根钢丝的杨氏模量是否相同？

（2）光杠杆系统测量小长度有何优点？怎样提高测量微小长度变化的灵敏度？

（3）实验中，为什么从钢丝有负载时开始读数？

（4）实验中，各个长度参量选用不同的量具仪器（或方法）来测量是基于什么样的考虑？为什么？

附表　20 ℃时金属的杨氏模量表

金属	杨氏模量（$\times 10^{11}$ N/m²）	金属	杨氏模量（$\times 10^{11}$ N/m²）
铝	0.690～0.710	镍	2.050
钨	4.150	铬	2.350～2.450
铁	1.860～2.060	合金钢	2.100～2.200
铜	1.030～1.270	碳钢	1.960～2.060
金	0.7900	康铜	1.630
银	0.6906～0.8000	铸铜	1.720
锌	0.780	硬铝合金	0.710

注：杨氏模量与材料的结构、化学成分及加工工艺有密切关系，实验材料的杨氏模量可能与表中所列数值不尽相同。

杨氏模量的测定（文档）

实验三　用焦利氏秤测量液体表面张力

原理难度系数:★★★　　　　**操作难度系数:★★★★**

  实验导读:液体表面张力现象在日常生活中普遍存在。通过本实验,我们除了可以观察到有趣的表面张力现象,还能学习逐步逼近的实验测量方法,在不同分度的游标卡尺的读数操作基础上深化游标卡尺的读数原理,掌握运用分组逐差法减小测量误差的数据处理方法,同时也可以在水中加入不同杂质来查看杂质对液体表面张力的影响。因此,本实验兼具基础性和趣味性。

  实验背景:液体跟气体接触的界面存在一个薄层(厚度等于分子作用半径,约 10^{-8} cm),叫做表面层。表面层里的分子所处的环境与液体内部分子不同,液体内部分子受到周围分子的合力为零,而表面层分子间的距离比液体内部分子间距大,分子间的相互作用表现为引力。这种引力使液体表面自然收缩,好像张紧的弹簧薄膜。由液体表面收缩而产生的沿着切线方向的力称为表面张力,这种张力的存在可以使得有些小昆虫能够在水面上行走自如,而对表面张力的研究能够说明液体所特有的许多现象,如泡沫的形成、浸润和毛细现象等。

一、实验目的

(1) 了解液体表面的性质,测定液体的表面张力系数;

(2) 学习焦利氏秤测量微小力的原理和方法;

(3) 学会用逐差法来处理实验数据。

二、实验仪器

焦利氏秤、门形框、游标卡尺、玻璃烧杯、温度计、砝码。

三、实验原理

1. 液体表面张力测量原理

液体表层内分子力的宏观表现使得液面具有收缩的趋势。设想在液面上划一条线,表面张力就表现为线段两侧的液体以一定的拉力相互吸引。这种张力垂直于该线段且其大小与线段的长度成正比,比例系数即称为表面张力系数。

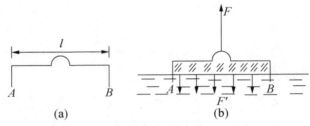

图 3.1　液体表面张力示意图

如图 3.1(a)所示,将金属丝 AB 弯成长度为 l 的门形框。将门形框浸泡在液体中,然后用力 F 缓缓垂直向上提起,金属丝就会拉出一层与液体相连的液膜(如图 3.1(b)所示)。若不计门形框所受的浮力和水膜的重力,则 F 应当是门形框的重力 $G_框$ 与薄膜拉引金属丝的表面张力之和。当水膜将被拉断时,根据力的平衡,有

$$F = G_框 + 2F' \tag{3.1}$$

需要说明的是,因为水膜有两面,所以表面张力为 $2F'$。由式(3.1)可得

$$F' = \frac{F - G_框}{2} \tag{3.2}$$

表面张力 F' 是存在于液体表面上任何一条分界线两侧间的液体的相互作用拉力,其方向沿着液体表面并垂直于该分界线。表面张力 F' 的大小与分界线的长度成正比,即

$$F' = \sigma l, \quad 其中 \ \sigma = \frac{F - G_{框}}{2l} \tag{3.3}$$

式(3.3)中,σ 称为表面张力系数,单位是 N/m。表面张力系数与液体的性质有关,密度小且易挥发的液体 σ 小,反之 σ 较大。表面张力系数还与杂质和温度有关,液体中掺入某些杂质可以增加 σ,而掺入另一些杂质可能会减小 σ;温度升高,表面张力系数 σ 将降低。

测定表面张力系数的关键是测量表面张力 F'。用普通的弹簧秤很难迅速测出液膜即将破裂时的 F',焦利氏秤则克服了这一困难,可以方便地测量表面张力 F'。

2. 焦利氏秤测量外力的原理

焦利氏秤由可升降的金属杆、固定在底座上的金属套管以及锥形弹簧秤等部分组成(如图 3.2 所示)。升降金属杆位于金属套管的内部,其上部有刻度,用以读出高度,金属杆顶端伸出支臂,供固定锥形弹簧秤用,杆的上升和下降由位于金属套管下端的升降钮控制;在金属套管上固定有下部可调节的载物平台、作为平衡参考点用的玻璃管以及用作弹簧伸长量读数的游标;锥形弹簧秤由锥形弹簧、带指示横线的小镜子、挂钩及砝码盘组成,小镜子下端的挂钩从平衡指示玻璃管内穿过,且不与玻璃管相碰。

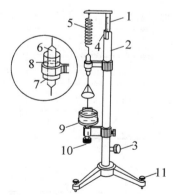

1—升降金属杆;2—金属套管;3—升降钮;4—游标;5—锥形弹簧;

6—带指示横线的小镜子;7—玻璃管;8—平衡指示刻度线;9—载物平台;

10—载物台升降螺丝;11—底脚螺丝

图 3.2　焦利氏秤的结构图

实验过程中每次读数时,应使小镜子中的指示横线、玻璃管上的平衡指示刻度线及其在小镜中的像三者始终重合,简称"三线对齐"。

四、实验内容和数据表格

1. 测弹簧的劲度系数

(1) 按图 3.2 所示将弹簧装于焦利氏秤上,并在弹簧的下端先后挂上小镜子与砝码盘。调节三角底座上的螺丝,并适当调节弹簧与玻璃管的位置,使小镜子垂直位于玻璃管中间,且四周不能与玻璃管接触。旋转升降钮,使得三线对齐,结合游标零线所指示的主尺读数和游标刻度获得 L_0。

(2) 依次将质量为 m(此处 m 取 1.00 g)的砝码加在弹簧下方的砝码盘内,并旋转升降钮,重新调到三线对齐,分别记下砝码质量为 1.00 g,2.00 g,$\cdots$,9.00 g 时弹簧秤读数 $L_1,L_2,\cdots,L_9$。将数据填入表 3.1,再用逐差法求出弹簧的劲度系数 K_i(南京地区 g 取 9.794 m/s^2,),算出劲度系数的平均值 $\overline{K}$。

表 3.1 弹簧劲度系数测量数据记录

序号 i	0	1	2	3	4	平均值 $\overline{K}$
砝码质量 m(g)	0.00	1.00	2.00	3.00	4.00	
弹簧秤读数 L_i(mm)						
序号 i	5	6	7	8	9	$\overline{K} = \dfrac{\sum\limits_{i=1}^{5} K_i}{5}$
砝码质量 m(g)	5.00	6.00	7.00	8.00	9.00	
弹簧秤读数 L_i(mm)						$=$ _____(N/m)
劲度系数 $K_i = 5\dfrac{mg}{L_{i+5}-L_i}$(N/m)						

2. 测 $F-G_{框}$ 的值

(1) 用 50 分度游标卡尺测量门形框的长度 l 总计 3 次,将数据填入表 3.2,求出其平均值 $\overline{l}$。

表 3.2　门形框长度

测量次数	1	2	3	平均值 $\bar{l}$
门形框长度 l(mm)				

（2）将门形框用酒精仔细擦洗，然后挂在砝码盘下，调节三线对齐，记下此时弹簧秤的读数，即为 S_0。

（3）将盛水的烧杯放在载物平台上，旋转平台下的升降螺丝使平台和烧杯上升，门形框浸入水中。然后一边缓慢下降平台，一边缓慢调节金属套管下端的升降钮升高小镜子中的刻线，确保三线对齐。重复上述调节动作（注意每调一次三线对齐都要读数），直到平台只要再下降一点金属丝就脱出液面为止。将金属丝脱出液面之前最后一次的读数作为 S，由此可得弹簧的伸长量 $\Delta S = S - S_0$。

（4）重复上述步骤，测出三组弹簧的伸长量，将数据填入表 3.3，然后算出平均伸长量 $\overline{\Delta S}$。

表 3.3　弹簧秤读数及弹簧伸长量

测量顺序	弹簧秤读数 （mm）	弹簧伸长量 $S - S_0$(mm)	伸长量平均值 （mm）
浸液前(S_0)		—	
第一次拉膜(S)			
第二次拉膜(S)			$\overline{\Delta S} =$
第三次拉膜(S)			

（5）根据 $F - G_{框} = \overline{K}\,\overline{\Delta S}$ 以及式(3.3)可得水的表面张力系数

$$\sigma = \frac{\overline{K}\,\overline{\Delta S}}{2\bar{l}} = $$

计算出水的表面张力系数后，测量实验时水的温度，再查表（见附表）得到此温度下水的表面张力系数的标准值，计算实验相对误差。

五、注意事项

（1）实验时动作必须仔细、缓慢。平台一次只能下降一点点，门形框不能倾斜，否则门形框拉出水面时水膜会过早破裂，从而造成较大的

误差。

（2）实验过程中小镜子和玻璃管不能有任何接触，否则会造成较大的误差。

（3）实验过程中要避免液体被污染。若液体中混入其他杂质，会使其表面张力系数发生改变，不能反映该液体的真实情况。

（4）每次实验前玻璃杯和门形框要用酒精清洗后才能使用；实验结束后用吸水纸将门形框表面擦干，以免锈蚀。

（5）焦利氏秤中使用的弹簧是精密易损元件，必须轻拿轻放，切忌用力拉。

六、思考题

（1）焦利氏秤与普通秤有什么区别？在使用过程中有哪些需要注意的事项？

（2）在实验中为什么直接测 $F-G_{框}$，而不是分别测 F 和 $G_{框}$？

（3）为什么要采用"三线对齐"的方式来测量？两线对齐可以吗？为什么？

（4）用拉脱法测液体表面张力系数时，其测量结果一般会偏大。试分析产生这种系统误差的原因以及应该如何修正。

附表　不同温度下水的表面张力系数

$t(℃)$	$\sigma(\times 10^{-3} \text{ N} \cdot \text{m}^{-1})$	$t(℃)$	$\sigma(\times 10^{-3} \text{ N} \cdot \text{m}^{-1})$
0	75.64	17	73.19
5	74.92	18	73.05
10	74.22	19	72.90
11	74.07	20	72.75
12	73.93	21	72.59
13	73.78	22	72.44
14	73.64	23	72.28
15	73.49	24	72.13
16	73.34	25	71.97

续表

t(℃)	σ($\times 10^{-3}$ N·m^{-1})	t(℃)	σ($\times 10^{-3}$ N·m^{-1})
26	71.82	30	71.18
27	71.66	35	70.38
28	71.50	40	69.56
29	71.35	45	68.74

用焦利氏秤测量液体
表面张力(文档)

用焦利氏秤测量液体
表面张力(视频)

实验四　冷却法测量金属的比热容

原理难度系数：★★★　　　　**操作难度系数：★★**

实验导读：比热容（Specific Heat Capacity）属于物质基本热学属性之一。冷却法测量金属的比热容实验原理简单易懂，操作方便且耗时较短。大学物理实验课程中"稳态法测量橡胶板的导热系数"实验同属热学实验，但却耗时较长，其蕴含的物理思想比这里的实验相对丰富。

实验背景：比热容是表征材料吸热或散热能力的一个重要物理量。比热容越大，材料吸热或散热的能力越强。目前测量物质比热容的方法有混合法、冷却法、物态变化法、电流量热法等等，其中冷却法是根据牛顿冷却定律测定金属或液体的比热容的常用方法之一。本实验以铜样品为标准样品，采用冷却法测定铁、铝样品在100℃时的比热容。通过本实验，可以掌握测量冷却速率的物理实验思想，了解温差热电偶在实验中的运用。

一、实验目的

（1）掌握比热容的定义和物理意义；
（2）掌握冷却法测量金属比热容的原理和方法；
（3）学习使用 DH4603 型金属比热容测量仪测定铁和铝的比热容。

二、实验仪器

DH4603 型金属比热容测量仪。

三、实验原理

1. 比热容的定义

单位质量的物质,其温度每改变 1 K(或 1 ℃)所吸收或放出的热量称为该物质的比热容,常以 c 表示,单位为 J/(kg·K)(或 J/(kg·℃))。

对于同种物质,比热容的大小与很多条件有关。比如气体的比热容大小与温度的高低、压强和体积的变化情况有关,气体在体积恒定时和压强恒定时的比热容有很大不同。而对固体和液体而言,在不同温度下它们的比热容也会有变化。同一种物质在不同物态下的比热容也不一样,例如水的比热容约是冰的比热容的两倍。

2. 冷却法测量金属比热容原理

本实验采用冷却法测量金属(铁、铝)在 100℃时的比热容。将质量为 m 的金属样品加热后放到较低温度的介质(例如室温的空气)中,样品将会逐渐冷却。其散热速率 $\dfrac{\mathrm{d}Q}{\mathrm{d}t}$ 与温度下降的速率 $\dfrac{\mathrm{d}T}{\mathrm{d}t}$ 成正比,于是得到下述关系式:

$$\frac{\mathrm{d}Q}{\mathrm{d}t}=mc\left.\frac{\mathrm{d}T}{\mathrm{d}t}\right|_{T=T'} \tag{4.1}$$

式(4.1)中,c 为该金属样品在温度 T 时的比热容,$\dfrac{\mathrm{d}T}{\mathrm{d}t}$ 为温度对于时间的导数,而 $\left.\dfrac{\mathrm{d}T}{\mathrm{d}t}\right|_{T=T'}$ 表示金属样品在 T' 时的温度下降速率(或称为冷却速率)。

冷却速率 $\dfrac{\mathrm{d}T}{\mathrm{d}t}$ 即温度变化率,其值大小本身也随温度而变化。因此,若要测某一温度(实验中为 100 ℃)的金属比热容,则需要测量金属在相应温度时的冷却速率,即 $\left.\dfrac{\mathrm{d}T}{\mathrm{d}t}\right|_{T=100\ ℃}$。而测量某一时刻物理量对时间的变化率是非常困难的,因此实验中将温度对时间的微分近似替换成某一小时间段内的平均温度变化量,即 $\dfrac{\Delta T}{\Delta t}$。这样的近似可将难以测量的物

理量的变化率转换成易于测量的物理量的变化量,但因此也引入了系统误差。为减小这种近似带来的系统误差,需要尽量减小物理量的变化量,即减小温度的变化范围。

根据冷却定律有

$$\frac{\Delta Q}{\Delta t}=\alpha S(T-T_0) \tag{4.2}$$

式(4.2)中,α 为热交换系数,S 为样品外表面的面积,T 为样品的温度,T_0 为周围介质的温度。由式(4.1)和式(4.2),可得

$$mc\frac{\Delta T}{\Delta t}=\alpha S(T-T_0) \tag{4.3}$$

对于两种不同材质的金属样品,质量分别为 m_1,m_2,比热容分别为 c_1,c_2,样品外表面面积分别为 S_1,S_2,样品温度分别为 T_1,T_2,由式(4.3)则有

$$m_1 c_1\left(\frac{\Delta T}{\Delta t}\right)_1=\alpha_1 S_1(T_1-T_0) \tag{4.4}$$

$$m_2 c_2\left(\frac{\Delta T}{\Delta t}\right)_2=\alpha_2 S_2(T_2-T_0) \tag{4.5}$$

由式(4.4)和(4.5),可得

$$\frac{m_2 c_2\left(\frac{\Delta T}{\Delta t}\right)_2}{m_1 c_1\left(\frac{\Delta T}{\Delta t}\right)_1}=\frac{\alpha_2 S_2(T_2-T_0)}{\alpha_1 S_1(T_1-T_0)} \tag{4.6}$$

所以

$$c_2=c_1\frac{m_1\left(\frac{\Delta T}{\Delta t}\right)_1}{m_2\left(\frac{\Delta T}{\Delta t}\right)_2}\frac{\alpha_2 S_2(T_2-T_0)}{\alpha_1 S_1(T_1-T_0)} \tag{4.7}$$

假设两样品的形状尺寸都相同(例如细小的圆柱体),即 $S_1=S_2$;两样品的表面状况(如涂层、色泽等)也相同,而周围介质(空气)的性质当然也不变,则有 $\alpha_1=\alpha_2$。于是当周围介质温度不变(即室温 T_0 恒定),两样品又处于相同温度($T_1=T_2$)时,式(4.7)可以简化为

$$c_2 = c_1 \frac{m_1 \left(\frac{\Delta T}{\Delta t}\right)_1}{m_2 \left(\frac{\Delta T}{\Delta t}\right)_2} \qquad (4.8)$$

如果已知标准金属样品的比热容 c_1 和质量 m_1,待测样品的质量 m_2 及两样品在温度 T 时冷却速率之比,就可以求出待测的金属材料的比热容 c_2。

本实验采用热电偶测量温度。因在较小温度范围内热电偶的热电动势变化率正比于温度变化率,即

$$\frac{\left(\frac{\Delta T}{\Delta t}\right)_1}{\left(\frac{\Delta T}{\Delta t}\right)_2} = \frac{\left(\frac{\Delta E}{\Delta t}\right)_1}{\left(\frac{\Delta E}{\Delta t}\right)_2} \qquad (4.9)$$

所以,如果已知比热容的样品和待测样品下降同样范围的热电动势,也即 $(\Delta E)_1 = (\Delta E)_2$,那么待测比热容为

$$c_2 = c_1 \frac{m_1 (\Delta t)_2}{m_2 (\Delta t)_1} \qquad (4.10)$$

本实验中涉及的几种金属材料的比热容见表 4.1:

表 4.1　几种金属材料的比热容

温度	c_{Fe}	c_{Al}	c_{Cu}
100 ℃	0.460 J/(g・℃)	0.963 J/(g・℃)	0.393 J/(g・℃)

四、仪器介绍

本实验装置由加热仪和测试仪组成(见图 4.1)。加热仪的加热装置可通过调节手轮自由升降,被测样品安放在样品室内的底座上,且被测样品内的小孔中有用来测温的热电偶。当加热装置向下移动到底后,对被测样品进行加热;样品需要降温时,则将加热装置移开(仪器内设有自动控制限温装置,防止因长期不切断加热电源而引起温度不断升高)。

测量样品温度采用的是由铜-康铜做成的热电偶(其热电势约为 0.042 mV/℃),测量扁叉接到测试仪的"输入"端。测量热电势差的二

次仪表由高灵敏、高精度、低漂移的放大器放大加上满量程为 20 mV 的三位半数字电压表组成,且仪表内部装有冰点补偿电器,数字电压表显示的 mV 数可直接查表换算成对应待测温度值(见附表)。

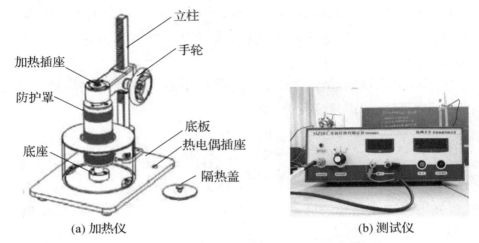

(a) 加热仪   (b) 测试仪

图 4.1   DH4603 型冷却法金属比热容测量仪

五、实验内容和数据表格

(1) 开机前先连接好加热仪和测试仪。共有加热四芯线和热电偶线两组线,使热电偶端的铜导线(即红色接插片)与数字电压表的正端相连,康铜导线(即黑色接插片)与数字电压表的负端相连。

(2) 选取长度、直径、表面光洁度尽可能相同的三种金属样品(铜、铁、铝),用物理天平或电子天平分别称出它们的质量并记录于表 4.2 中(可根据 $m_{Cu} > m_{Fe} > m_{Al}$ 或金属表面颜色把它们区别开来)。

(3) 分别测量铜、铁、铝的温度下降速度(每一样品应重复测量 6 次)。每一样品的测量过程如下:当样品加热到 115 ℃(此时热电势显示约为 5.0 mV)时,切断电源并移去加热源,样品继续安放在与外界基本隔绝的有机玻璃圆筒内自然冷却(筒口需盖上隔热盖),记录数字电压表上示值约从 $E_1 = 4.36$ mV 降到 $E_2 = 4.20$ mV 所需的时间 Δt(因为数字电压表上的示值是跳跃性的,所以 E_1 和 E_2 只能在其附近取值)。将所得数据填入表 4.3。

表 4.2　样品参数及计算结果

样品	质量 m(g)	比热容 c ($J \cdot g^{-1} \cdot ℃^{-1}$)	相对误差 E(%)
Cu		0.393	——
Fe			
Al			

表 4.3　样品由 4.36 mV 下降到 4.20 mV 所需时间

热电偶冷端温度:_____℃　　单位:s

样品	实验次数						平均值 Δt
	1	2	3	4	5	6	
Cu							
Fe							
Al							

（4）以铜样品为标准,根据式（4.10）计算铁和铝的比热容,并和标准值进行比较。将计算结果填入表 4.2。

六、注意事项

（1）仪器的加热指示灯亮表示正在加热;如果连接线未连好或加热温度过高（超过 200 ℃）导致自动保护时,指示灯不亮。升到指定温度后,应切断加热电源。

（2）测量降温时间时,按"计时"或"暂停"按钮应迅速、准确,以减小人为计时误差。

（3）加热装置向下移动时动作要慢,应注意要使被测样品垂直放置,以使加热装置能完全套入被测样品。

（4）重复测量前,应使防风筒及其内部空气温度降为室温,以减少其对传热系数的影响。

七、思考题

（1）为什么实验应该在防风筒（即样品室）中进行？

（2）测量三种金属的冷却速率并在图纸上绘出冷却曲线，问如何求出它们在同一温度点的冷却速率？

（3）如何给该实验仪器中的铜-康铜热电偶的温差电动势定标（确定其灵敏度及热电动势随温度的变化关系）？

附表　铜-康铜热电偶分度表

温度 （℃）	热电势（mV）									
	0	1	2	3	4	5	6	7	8	9
−10	−0.383	−0.421	−0.458	−0.496	−0.534	−0.571	−0.608	−0.646	−0.683	−0.720
−0	0.000	−0.039	−0.077	−0.116	−0.154	−0.193	−0.231	−0.269	−0.307	−0.345
0	0.000	0.039	0.078	0.117	0.156	0.195	0.234	0.273	0.312	0.351
10	0.391	0.430	0.470	0.510	0.549	0.589	0.629	0.669	0.709	0.749
20	0.789	0.830	0.870	0.911	0.951	0.992	1.032	1.073	1.114	1.155
30	1.196	1.237	1.279	1.320	1.361	1.403	1.444	1.486	1.528	1.569
40	1.611	1.653	1.695	1.738	1.780	1.822	1.865	1.907	1.950	1.992
50	2.035	2.078	2.121	2.164	2.207	2.250	2.294	2.337	2.380	2.424
60	2.467	2.511	2.555	2.599	2.643	2.687	2.731	2.775	2.819	2.864
70	2.908	2.953	2.997	3.042	3.087	3.131	3.176	3.221	3.266	3.312
80	3.357	3.402	3.447	3.493	3.538	3.584	3.630	3.676	3.721	3.767
90	3.813	3.859	3.906	3.952	3.998	4.044	4.091	4.137	4.184	4.231
100	4.277	4.324	4.371	4.418	4.465	4.512	4.559	4.607	4.654	4.701
110	4.749	4.796	4.844	4.891	4.939	4.987	5.035	5.083	5.131	5.179
120	5.227	5.275	5.324	5.372	5.420	5.469	5.517	5.566	5.615	5.663
130	5.712	5.761	5.810	5.859	5.908	5.957	6.007	6.056	6.105	6.155
140	6.204	6.254	6.303	6.353	6.403	6.452	6.502	6.552	6.602	6.652
150	6.702	6.753	6.803	6.853	6.903	6.954	7.004	7.055	7.106	7.156
160	7.207	7.258	7.309	7.360	7.411	7.462	7.513	7.564	7.615	7.666

续表

温度 (℃)	热电势(mV)									
	0	1	2	3	4	5	6	7	8	9
170	7.718	7.769	7.821	7.872	7.924	7.975	8.027	8.079	8.131	8.183
180	8.235	8.287	8.339	8.391	8.443	8.495	8.548	8.600	8.652	8.705
190	8.757	8.810	8.863	8.915	8.968	9.024	9.074	9.127	9.180	9.233
200	9.286	—	—	—	—	—	—	—	—	—

注:不同的热电偶的输出会有一定的偏差,故这里表格中的数据仅供参考。

冷却法测量金属的
比热容(文档)

冷却法测量金属的
比热容(视频)

实验五　混合法测量冰的熔解热

原理难度系数：★★★　　　　操作难度系数：★★★★

　　实验导读：量热器是热学实验的一个基本仪器，本实验运用量热器测量冰的熔解热，并要求掌握量热器的基本概念和用途。大学物理实验阶段的热学实验偏少，同学们可通过这个实验熟悉热学实验的基本性质，了解热学实验的操作方法，并分析热学实验的误差大小和来源。

　　实验背景：同一种物质可能以固态、液态或气态三种状态存在。比如 H_2O，它的固态是冰，液态为水，气态是水蒸气。压强不变时，在一定温度下状态之间的转变称为相变，相应的温度称为临界温度，也叫相变点。系统相变具有两个特点，一是体积发生变化，二是同时还要吸收或放出热量（这种热量称相变潜热）。

　　一个大气压强下，单位质量、0 ℃的冰吸收热量变成 0 ℃的水，这个热量就是冰的相变潜热，通常叫熔解热。混合法是测量冰的熔解热的一种常用方法。

一、实验目的

（1）了解热学实验中的基本问题——量热和计温；
（2）掌握粗略的散热修正的方法；
（3）学习合理安排实验的方法和参量选择的方法。

二、实验仪器

量热器、物理天平、秒表、温度计、烧杯、拭布、木夹子。

三、实验原理

晶体是原子、离子或分子按照一定的规律周期性的在空间排列形成的固体。晶体有三个特征：

（1）天然晶体通常具有整齐规则的几何外形；

（2）晶体有固定的熔点，在熔化过程中温度始终保持不变；

（3）晶体有各向异性的特点。

一定压强下晶体物质熔解时的温度，也就是该物质的固态和液态可以平衡共存的温度，称为该晶体物质在此压强下的熔点。单位质量的晶体在熔点时以固态全部变成液态所需要的热量，叫做该晶体物质的熔解热。

一个大气压强下，单位质量、0 ℃的冰吸收热量变成 0 ℃的水，这个热量就叫做冰的熔解热。混合法是测量冰的熔解热的一种常用方法。

将待测物体 A（本实验中是冰块）和已知比热容的物体 B（本实验中是水和量热器内筒）混合，如果能使其成为一个与外界绝热的系统，则 A（或 B）放出的热量全部被 B（或 A）吸收，即可算出待测系统的熔解热 γ。

设冰块质量为 M，温度为 T_0（本实验中冰水混合物为 0 ℃），与质量为 m，温度为 T_1 的水混合，冰全部熔解后水的平衡温度为 T_2；又设量热器内筒和搅拌器的质量为 m_1 和 m_2，比热容分别为 c_1 和 c_2；本实验中温度计探头部分为不锈钢材料，比热容为 c，密度为 ρ，其浸没到水中部分的体积为 V，水的比热容为 c_0。则热的平衡公式为

$$M\gamma + Mc_0 T_2 = (m_1 c_1 + m_2 c_2 + mc_0 + \rho Vc)(T_1 - T_2) \qquad (5.1)$$

在实验中一般无法形成一个完美的绝热系统，因此要尽量设法减小系统与外界总的热交换量，方法是使实验系统在实验的前一部分时间内向外界放热 S_1，后一部分时间内从外界吸热 S_2，并尽量使 S_1 和 S_2 相等而互相抵消。

根据"牛顿冷却定律"，在系统温度 T 与环境温度 θ 相差不大（在 10～15 ℃之内）时，系统环境的传热速率 dQ/dt 与温差 $T-\theta$ 成正比，即

$$dQ/dt = k(T - \theta) \tag{5.2}$$

$$S = \int dQ = \int kT dt - \int k\theta dt \tag{5.3}$$

式中,系统温度 T 是时间 t 的函数,θ 是基本不变的,k 是散热系数。从式(5.3)中可看出,T-t 图线包围的面积可代表传热量 S。

如图 5.1 所示,AB 段为投入冰块之前系统温度的变化,由于初始水温高于室温 θ,所以温度在缓慢下降。BD 段为投入冰块至冰块完全融化系统温度的变化。可以看出,刚投入冰块时,水温高,冰的融化速率快,故系统温度下降速率快;随着冰的不断融化,冰块逐渐变小,水温逐渐降低,冰的融化速率变慢。DE 段为冰块完全融化后,由于系统温度低于室温 θ,所以温度在缓慢上升。观察 BD 段,其中 BC 段的温度高于室温,CD 段的温度低于室温。如果 $S_1 = S_2$,则可以说明系统向外界散发的热量与从外界吸收的热量相同,即系统与外界没有热量交换,符合量热器的定义。

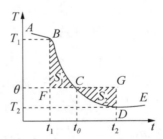

图 5.1　用牛顿冷却定律修正系统误差

实验中我们需要对每一次实验结果进行分析,调整各参量的数值,做出合理的选择,从而尽量使得 $S_1 = S_2$。根据经验公式,在

$$\frac{T_1 - \theta}{\theta - T_2} = \frac{10}{3}$$

时 S_1 和 S_2 近乎相等,实验时可根据此式大概确定热水始温以及热水和冰的质量配比。

四、实验内容及数据表格

（1）将内筒和搅拌器擦干，称出其质量（m_1+m_2）；配置温度比环境温度高出约 10 ℃的水，倒入量热筒里（约占内筒体积的一半），称出内筒、搅拌器和水的总质量。将数据填入表 5.1。

表 5.1　冰的熔解热实验质量数据

实验中相关质量称量	称量结果(g)
量热器内筒＋搅拌器（m_1+m_2）	
量热器内筒＋搅拌器＋水（m_1+m_2+m）	
量热器内筒＋搅拌器＋水＋冰（m_1+m_2+m+M）	
水的质量（m）	
冰的质量（M）	

（2）将量热器外盖盖上，每隔 20 s 测量一次温度；测量 2~3 组数据后，在计时的同时迅速打开外盖，将用抹布擦干的冰块快速放入水中，盖严外盖并立即读数；然后用搅拌器缓慢搅动，以 10 s 为间隔接着记录温度，直至温度不再下降；再以 20 s 为间隔测量 2~3 组数据（投冰前、投冰时、投冰之后、温度不再下降以及温度有缓慢回升整个过程应连续计时）。将所有数据填入表 5.2。

表 5.2　温度随时间的变化关系

时间(s)								
温度(℃)								

（3）在坐标纸上画出温度随时间变化的曲线图，估算 S_1，S_2 的大小，然后调整参量重新实验，直至 S_1，S_2 的大小基本相等。利用作图法得到始温和终温，并填入表 5.3。

表 5.3　作图法获得始温和终温

相关温度	数值(℃)
室温 θ	
作图法得出始温 T_1	
作图法得出终温 T_2	

（4）用量筒得出温度计插入水中部分的体积 V，填入表 5.4；称得量热器内筒＋搅拌器＋水＋冰的总质量，填入表 5.1。最后，由式(5.1)计算出冰的熔解热，填入表 5.4。

表 5.4　冰的熔解热计算

温度计浸入水中部分体积 $V=$
冰的熔解热 $\gamma=$
相关参数： 　不锈钢比热容:0.460 J/(g·℃);密度:7.93 g/cm^3 　水的比热容:4.182 J/(g·℃) 　冰的熔解热参考值:$\gamma=332.43$ J/g

五、注意事项

（1）实验过程中应不断对系统加以搅拌，以使系统各处温度均匀，并加快冰的熔解速度；

（2）搅拌动作要轻，幅度不要太大，以免将水溅到量热筒外；

（3）取冰块时需用拭布将冰上所沾水珠吸干，注意不能用手接触冰块；

（4）实验中，温度计敏感头（如水银温度计的水银泡）不要接触冰块，以免温度测量产生过大失真。

六、思考题

（1）混合法测量冰的熔解热必须保证什么实验条件？本实验是如

何从仪器、实验安排和操作等各方面力求保证的？

（2）温度计进入系统的那部分体积是否可以忽略？若忽略，所带来的误差约为多大？

（3）为什么要使用长时间静置后的冷水调制所需温度的实验用水，而不可以直接使用自来水？

（4）量热器在结构上是如何防止热传递的？

混合法测量冰的
熔解热（文档）

混合法测量冰的
熔解热（视频）

实验六　热电偶的定标

原理难度系数：★★★★　　　　　　**操作难度系数：★★★**

　　实验导读：热电偶也叫温差电偶，是一种利用温差电效应制作的测温元件。热电偶测温具有灵敏度高、反应迅速、测温范围广、能直接把非电学量温度转换成电学量等优点，因此在科研和工业自动测温等领域有着广泛的应用。不同于普通的水银温度计、酒精温度计以及热电阻温度计，热电偶的接触端可弯曲，可深入物质内部，尤其是对固体内部进行温度测量。因此，无论是在引导性物理实验课程里，还是在大学物理实验课程里，热电偶都是使用频次较高的温度计。

　　实验背景：热电偶测温属于定量测量。通常，定量测量元器件的使用都需要进行定标，这是它们获得准确数据的基础。因此新制作的热电偶在使用前必须进行定标，确定温差电动势与温度之间的对应关系后才能准确测得温度数值。已定标的热电偶在使用一段时间后，由于材质挥发、玷污或者氧化等原因，温差电动势会发生漂移，此时需要重新定标，以减小温度测量误差。

一、实验目的

　　（1）加深对定量测量元器件定标的理解；

　　（2）熟悉热电偶测温的基本原理；

　　（3）掌握对热电偶进行温度标定的方法。

二、实验仪器

铜-康铜 E 型热电偶、YJ-HH-Ⅱ 热电偶定标实验仪、保温杯、恒温加热炉等。

三、实验原理

1. 温差电效应

将材质不同的金属 A 和金属 B 两端分别相连构成一闭合回路(如图 6.1 所示),如果两端点处于不同温度,则电路中将产生温差电动势,并在回路中形成温差电流,这种现象称为温差电效应。温差电效应也叫热电效应,又可称为塞贝克效应。

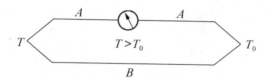

图 6.1　温差电效应示意图

2. 热电偶

两种不同金属串接在一起,其两端可以和仪器相连进行测温的元件称为温差电偶,也叫热电偶。如图 6.2 所示,是铜-康铜 E 型热电偶。热电偶的温差电动势与两接头温度之间的关系比较复杂,但是在较小温差范围内可以近似认为温差电动势 ε 与温度差 $T-T_0$ 成正比,即

$$\varepsilon = c(T - T_0) \tag{6.1}$$

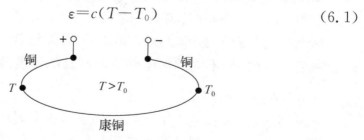

图 6.2　铜-康铜 E 型热电偶

式中，T 为热端的温度（工作端），T_0 为冷端的温度（自由端），c 称为温差系数（或称热电偶常量），单位为 $\mu V \cdot {}^\circ C^{-1}$。

温差系数表示两接点的温度相差 1 ℃时所产生的电动势，其大小取决于组成热电偶材料的性质，即

$$c = \frac{k}{e} \ln \frac{n_{0A}}{n_{0B}} \tag{6.2}$$

式中，k 为玻尔兹曼常数，e 为电子电量，n_{0A} 和 n_{0B} 为两种金属单位体积内的自由电子数目。

热电偶与测量仪器有两种连接方式，一是金属 B 的两端分别和金属 A 焊接，测量仪器 M 插入 A 线中间（见图 6.3(a)）；二是 A,B 的一端焊接，另一端和测量仪器 M 连接（见图 6.3(b)）。

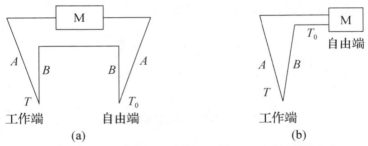

图 6.3　热电偶与测量仪器连接的两种方式

在使用热电偶时，总要将热电偶接入测量仪器 M（电势差计或数字电压表），这样除了构成热电偶的两种金属外，必将有第三种金属接入热电偶电路中。理论上可以证明：在 A,B 两种金属之间插入任何一种金属 C，只要维持它和 A,B 的联接点在同一个温度，这个闭合电路中的温差电动势总是和只由 A,B 两种金属组成的热电偶中的温差电动势一样。

热电偶的测温范围可以从 -268.95 ℃的深低温直至 2800 ℃的高温。需要注意的是，不同的热电偶所能测量的温度范围各不相同。

3. 热电偶的定标

热电偶的定标，就是用实验的方法找出热电偶两端温度差和温差电动势的对应关系曲线（如图 6.4 所示）。一般来说，热电偶定标的方法有两种。

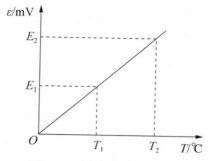

图 6.4　热电偶定标曲线

（1）比较法：即用被校热电偶与标准热电偶去测同一温度，得到一组数据，其中被校热电偶测得的温差电动势由标准热电偶所测的温差电动势所校准，再改变不同的温度（被校热电偶使用范围内）进行逐点校准，就可得到被校热电偶的一条校准曲线。

（2）固定点法：利用已知的几种合适纯物质在一定气压下（一般是标准大气压）的沸点和熔点温度，或通过恒温加热装置确定几个温度点，测出热电偶在这些温度下对应的电动势，从而得到电动势-温度关系曲线，这就是所求的定标曲线。

本实验采用固定点法，并采用图 6.3（a）所示的连接方式对热电偶进行定标。

实验中的铜-康铜热电偶包括"热电偶热端"和"热电偶冷端"两部分，均由受热管和两股材料分别为铜和康铜的导线组成（如图 6.5（a）所示）。其中，铜导线外部是红色绝缘层，康铜导线外部是黑色绝缘层，且两股导线在受热管中焊接在一起，但与受热管绝缘。而受热管的作用仅是让其内部的两导线焊接端受热良好。

连接热电偶时，将"热电偶热端"和"热电偶冷端"的"红"接"红"、"黑"接"黑"，以保证形成热电偶。为了测出电压，可将数字电压表接在它们的"红"与"红"之间或"黑"与"黑"之间，把冷端浸入冰水共存的保温杯中，而热端则插入加热炉的恒温腔中。如图 6.5（b）所示，便是其中一种连接方法。

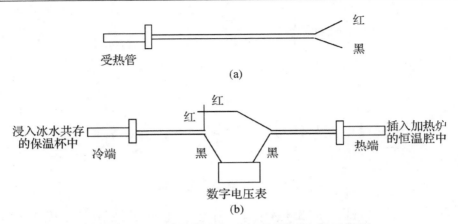

图 6.5　铜-康铜热电偶结构及测温连线示意图

定标时恒温加热炉可恒温在 50～120 ℃之间，用数字电压表测定出对应点的温差电动势。以电动势 ε 为纵轴，以热端温度 T 为横轴，标出以上各点并拟合成直线（如图 6.4 所示），即为热电偶的定标曲线。

有了定标曲线，就可以利用该热电偶测温度了。若将冷端保持在原来的温度（$T_0 = 0$ ℃），将热端插入待测物中，测出此时的温差电动势，再由 $\varepsilon\text{-}T$ 曲线即可查出待测温度。

四、实验内容与数据处理

1. 测温差电动势

（1）如图 6.6 所示，先安装好实验装置，连接好电缆线，然后打开电源开关，再将热电偶热端置于恒温加热炉中，热电偶冷端置于保温杯的冰水混合物中。

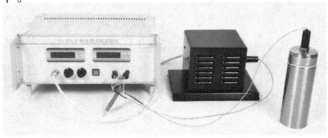

图 6.6　热电偶定标实验仪及连线

（2）顺时针调节"温度粗选"和"温度细选"旋钮到底，打开加热开关，加热指示灯发亮（加热状态），同时观察恒温加热炉温度的变化。当恒温加热炉温度即将达到所需温度（如 50.0 ℃）时，逆时针调节"温度粗选"和"温度细选"旋钮使指示灯闪烁（恒温状态），再仔细调节"温度细选"旋钮使恒温加热炉温度恒定在所需温度（如 50.0 ℃）。用数字电压表测量出所选择温度时的温差电动势。

2. 热电偶定标

如同上述测量温差电动势的步骤，选择恒温加热炉的温度分别为 60.0 ℃，70.0 ℃，80.0 ℃，90.0 ℃，100.0 ℃，110.0 ℃，热电偶冷端不变，测量不同温度下的温差电动势。将数据填入表 6.1，然后作出热电偶的 $\varepsilon - T$ 定标曲线。

表 6.1　对应温度的温差电动势

热端温度（℃）	50.0	60.0	70.0	80.0	90.0	100.0	110.0
温差电动势（mV）							

3. 利用热电偶测温

仍将热电偶的冷端置于保温杯中，将热电偶的热端插入待测物中，测出此时的温差电动势，再由已得的 $\varepsilon - T$ 定标曲线查出待测温度。将所得数据填入表 6.2。

表 6.2　由已得定标曲线测量未知温度

恒温腔的实际温度（℃）	
测出的温差电动势（mV）	
由曲线查出的对应温度（℃）	

五、注意事项

（1）注意热电偶测温线路连接方式，不得有误；

（2）温度细调时，恒温加热炉在各所选温度恒定时间不低于 2 min

为佳。

六、思考题

（1）温差电动势产生的原理是什么？

（2）如果实验过程中热电偶的冷端不在冰水混合物中，而是暴露在空气中（即室温下），对实验结果有何影响？

（3）实验中的主要误差来源有哪些？

热电偶的定标
（文档）

热电偶的定标
（视频）

实验七　测量电阻的温度特性

原理难度系数:★★★　　　　　　**操作难度系数:★★★**

实验导读:温度是一种重要的热学物理量,它不仅和我们的生活环境密切相关,在科研及生产过程中,温度的检测和控制对其结果也至关重要。本实验需要测量两种常用的电阻式温度传感器的电阻随温度变化的规律,实验操作过程较为简单,但却比较耗时,需要同学们有一定的耐心,注重培养自身严谨的实验作风。需要说明的是,本实验中涉及的铂电阻在大学物理实验中"PN 结正向物理特性的研究"实验中作为温度传感器指示 PN 结所处环境温度。

实验背景:物质的电阻率随温度变化而变化的现象称为热电阻效应,根据热电阻效应制成的传感器叫做热电阻传感器。在一定的温度范围内,我们也可以通过测量电阻阻值的变化得知温度的变化。热电阻传感器是中低温区最常用的一种温度传感器,本实验选用了金属铂电阻、热敏电阻 NTC1K 作为代表来进行测量研究。

一、实验目的

(1) 学习用恒电流法测量电阻的方法;
(2) 测量铂电阻温度传感器(Pt100)的温度特性;
(3) 测量热敏电阻(负温度系数)温度传感器 NTC1K 的温度特性;
(4) 掌握曲线化直的作图方法。

二、实验仪器

FD-TTT-A 温度传感器温度特性实验仪（含精密智能控温加热系统、恒流源、Pt100 铂电阻温度传感器、热敏电阻温度传感器 NTC1K、数字电压表、实验插接线等）。

三、实验原理

1. 常用的温度传感器简介

常用的温度传感器的类型、测温范围和特点如表 7.1 所示。其中，热电阻的测温原理是基于导体或半导体材料的电阻值随着温度的变化而变化的特性；热电偶的测温原理详见实验六；PN 结温度传感器是利用 PN 结的结电压对温度依赖性实现对温度检测的；IC（集成电路）温度传感器是采用 CMOS（互补金属氧化物半导体）工艺设计并制作的以热二极管、热晶体管等为敏感元件实现测温功能的。

表 7.1　常用的温度传感器的类型、测温范围和特点

类型	传感器	测温范围（℃）	特点
热电阻	铂电阻	−200～650	准确度高、测量范围大
	铜电阻	−50～150	
	镍电阻	−60～180	
	半导体热敏电阻	−50～150	电阻率大、温度系数大，线性差、一致性差
热电偶	铂铑-铂（S）	0～300	用于高温测量和低温测量两大类，必须有恒温参考点（如冰点）
	铂铑-铂铑（B）	0～1600	
	镍铬-镍硅（K）	0～1000	
	镍铬-康铜（E）	−200～750	
	铁-康铜（J）	−40～600	
其他	PN 结温度传感器	−50～150	体积小、灵敏度高、线性好、一致性差
	IC 温度传感器	−50～150	线性好、一致性好

2. 恒电流法测量电阻

恒电流法测量电阻的电路如图 7.1 所示。其中,电源采用恒流源,即输出电流保持恒定的电流源;R_1 为已知数值的固定电阻,R_t 为热电阻;U_1 为 R_1 上的电压,U_t 为 R_t 上的电压。这里 U_1 用于监测电路的电流,当电路电流恒定时,只要测出热电阻两端电压 U_t 即可知道被测热电阻的阻值。设电路电流为 I_0,当温度为 t 时,电阻 R_t 为

$$R_t = \frac{U_t}{I_0} = \frac{R_1 U_t}{U_1} \tag{7.1}$$

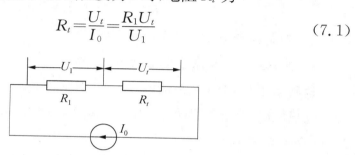

图 7.1　恒电流法测量电阻原理图

3. Pt100 铂电阻温度传感器

绝大多数金属的电阻随着温度的升高而增大,用金属材料制成的热电阻称为金属热电阻。金属热电阻的种类较多,最常用的是铂电阻,这是因为铂的物理、化学性能极稳定,抗氧化能力强,复制性好,易工业化生产且电阻率较高。但高质量的铂电阻(高级别)价格十分昂贵,且温度系数偏小,受磁场影响较大。因此,铂电阻大多用于工业检测中的精密测温和作为温度标准。

Pt100 铂电阻是一种利用铂金属电阻随温度变化的特性制成的温度传感器,其中 100 表示在 0 ℃时阻值为 100 Ω。在 100 ℃时,铂电阻的电阻值约为 138.5 Ω。铂电阻的测温范围为 $-200\sim650$ ℃。

当温度 t 在 $-200\sim0$ ℃之间时,铂电阻的阻值与温度之间的关系式为

$$R_t = R_0[1 + At + Bt^2 + C(t-100)t^3] \tag{7.2}$$

当温度 t 在 $0\sim650$ ℃之间时关系式为

$$R_t = R_0(1 + At + Bt^2) \tag{7.3}$$

上两式中，R_t，R_0 分别为铂电阻在温度 t 和 0 ℃时的电阻值；A，B，C 为温度系数，对于常用的工业铂电阻，它们的值分别为

$$A=3.90802\times10^{-3}/℃$$

$$B=-5.80195\times10^{-7}/℃^2$$

$$C=-4.27350\times10^{-12}/℃^4$$

在 0~100 ℃范围内，R_t 的表达式可近似表示成线性关系

$$R_t=R_0(1+At) \tag{7.4}$$

式中，A 为温度系数，约为 $3.85\times10^{-3}/℃$。

4. 热敏电阻 NTC1K 温度传感器

热敏电阻是利用半导体电阻的阻值随温度变化的特性来测量温度的。按热敏电阻的阻值随温度升高而减小或增大，可分为 NTC(负温度系数，即 Negative Temperature Coefficient)型、PTC(正温度系数，即 Positive Temperature Coefficient)型和 CTR(临界温度热敏电阻，即 Critical Temperature Resistor)。虽然热敏电阻电阻率大、温度系数大，但线性差、置换性差、稳定性差，通常只适用于一般要求不高的温度测量。以上三种热敏电阻的温度特性曲线见图 7.2。

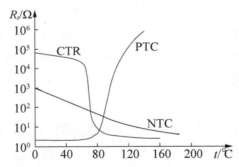

图 7.2　三种热敏电阻的温度特性曲线

在一定的温度范围内(小于 450 ℃)，热敏电阻的电阻 R_T 与温度 T 之间有如下关系：

$$R_T=R_0 e^{B(\frac{1}{T}-\frac{1}{T_0})} \tag{7.5}$$

式中，R_T，R_0 是温度为 T，T_0(热力学温度，单位为 K)时的电阻值；B 是热敏电阻材料常数，一般情况下 $B=2000~6000$ K。

对一定的热敏电阻而言，B 为常数，对上式两边取对数，则有

$$\ln R_T = B\left(\frac{1}{T} - \frac{1}{T_0}\right) + \ln R_0 \tag{7.6}$$

由式(7.6)可见，$\ln R_T$ 与 $\frac{1}{T}$ 呈线性关系。因此，以 $\frac{1}{T}$ 为横坐标，$\ln R_T$ 为纵坐标，对两者进行直线拟合，由斜率可求出常数 B。

四、实验内容和数据表格

1. 恒电流法测量 Pt100 铂电阻温度特性

插上恒流源，监测图 7.1 中 R_1 上电流是否为 1 mA(这里 $U_1 = 1$ V，$R_1 = 1.00$ kΩ)。将控温传感器 Pt100 铂电阻插入干井炉的中心井，另一只待测试的 Pt100 铂电阻插入另一井，从室温起开始测量，然后开启加热器，每隔 10 ℃设置一次系统控温，并在控温稳定 2 min 后读取待测电阻两端的电压值，到 100 ℃时为止。将数据填入表 7.2，并根据式(7.1)计算出电阻值，再用作图法进行直线拟合，求出结果。

表 7.2　恒电流法测 Pt100 铂电阻温度特性

序号	t(℃)	U_t(mV)	R_t(Ω)
1	20		
2	30		
3	40		
4	50		
5	60		
6	70		
7	80		
8	90		
9	100		

温度系数 $A =$ _____　　　　0 ℃时 $R_0 =$ _____

2. 恒电流法测量 NTC1K 热敏电阻温度特性

与 Pt100 铂电阻的测试相同,先插上恒流源,监测 R_1 上电流是否为 1 mA(这里 $U_1 = 1.00$ V,$R_1 = 1.00$ kΩ)。将控温传感器 Pt100 铂电阻插入干井炉的中心井,另一只待测试的 NTC1K 热敏电阻温度传感器插入另一井,从室温起开始测试,然后开启加热器,每隔 10 ℃ 设置一次系统控温,并在控温稳定 2 min 后读取待测电阻两端的电压值,到 100 ℃ 时为止。将数据填入表 7.3,并根据式(7.1)计算出电阻值,再用作图法进行直线拟合,求出结果。

表 7.3　恒电流法测 NTC1K 热敏电阻温度特性

序号	$t(℃)$	$T(K)$	$\frac{1}{T}(K^{-1})$	$U_T(mV)$	$R_T(\Omega)$	$\ln R_T$
1	20					
2	30					
3	40					
4	50					
5	60					
6	70					
7	80					
8	90					
9	100					

热敏电阻材料常数 $B=$ _____　　　　　0 ℃时 $R_0=$ _____

五、注意事项

(1) 以上实验过程中,冬季温度的测量范围可在 20~80 ℃,夏季温度的测量范围可在 40~100 ℃,0 ℃可在冰水混合物中测量;

(2) 为缩短实验时间,温度间隔可适当减小,但每次到达预期温度后都要等待至少 2 min 使温度稳定;

（3）仪器加热过程中继电器控温发出的声音可以不予理会；

（4）实验中应轻拿轻放各种温度传感器，不可硬拽导线。

六、思考题

（1）Pt100 铂电阻、NTC1K 热敏电阻的温度特性和适用范围有何不同？

（2）为什么强调温度传感器要在恒定小电流条件下使用？

测量电阻的温度
特性（文档）

测量电阻的温度
特性（视频）

实验八　万用表的使用和电表的改装

原理难度系数:★★★　　　　　　**操作难度系数:★★★★**

　　实验导读: 本实验利用九孔板和相应的电学元件以及导线组装完成电表的改装和校准任务,操作性较强;同时,也可通过操作过程熟悉电表准确度等级的概念。电表准确度等级在大学物理实验课程中误差理论部分会再次提及,但在后续的实验中却并无涉及,因此可在引导性物理实验中加以补充和理解。另外,在这个实验中需着重掌握万用表的使用方法,注意严格按照万用表的操作规程操作,否则容易损坏万用表。

　　实验背景: 电表是测量各种电学器件的常用工具。电学实验中经常要用电表(电压表和电流表)进行测量,它们有一个共同的部分,常称为表头。表头通常是一只磁电式微安表,只允许通过微安级的电流,一般只能测量很小的电流和电压。要用微安表来测量较大的电流或电压,就必须对其进行改装,扩大它的量程。我们日常接触到的各种电表几乎都是经过改装的,因此学习改装和校准电表在电学实验部分是非常重要的。本实验要求在了解各种电表基本性能和使用方法的基础上完成电表的改装。

一、实验目的

　　(1) 了解万用表、电压表、电流表的基本性能和使用方法;

　　(2) 用替换法测量微安表内阻,并将其改装成大量程的电流表和电压表;

　　(3) 对改装电流表和电压表进行定标,并确定准确度等级。

二、实验仪器

FB715 型物理设计性实验装置（包括九孔插线板、导线、开关、各种固定电阻和可调电阻）、电源、万用表、微安表。

三、实验原理

1. 万用表

万用表又叫多用表、三用表、复用表，是一种多功能、多量程的测量仪表。常用的万用表有指针式、数字式和台式（如图 8.1 所示）。一般万用表可测量直流电流、直流电压、交流电压、电阻和音频电平等，有的还可以测交流电流、电容量、电感量及半导体的一些参数。

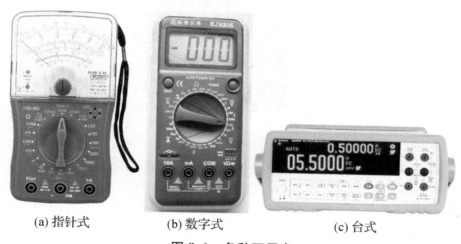

(a) 指针式　　　　(b) 数字式　　　　(c) 台式

图 8.1　各种万用表

台式万用表测量精度高，可测电参量多，挡位多，但不方便使用。指针式和数字式万用表属于手持万用表，其精度比不上台式，测量电参量也不如台式多，但使用方便。指针式万用表与数字式万用表各有优缺点。指针式万用表是一种平均值式仪表，具有直观、形象的读数指示（一般读数值与指针摆动角度密切相关，所以很直观），其基本工作原理是利用一只灵敏的磁电式直流电流表（微安表）做表头，当微小电流流过就会有电流指示。数字式万用表是瞬时取样式仪表,其内部有放大采样电路,对于高准确度和分辨率来说数字显示有较大的优势。指针式万用表内阻较小,数字式万用表则较大;指针式万用表输出电压较高,电流也大,数字式万用表两者都较小。

　　常用的数字式万用表的面板如图8.2所示(其他品牌的数字式万用表面板大同小异)。

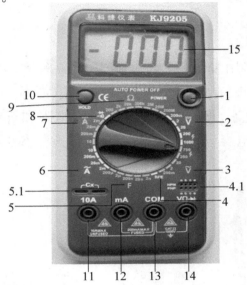

1—电源键;2—直流电压挡,分200 mV,2 V,20 V,200 V,1000 V五挡;3—交流电压挡,分200 mV,2 V,20 V,200 V,700 V五挡;4—测量三极管放大倍数挡位;4.1—三极管管脚接插位置;5—电容挡,分2 nF,20 nF,200 nF,2 μF,200 μF五挡;5.1—电容管脚接插位置;6—交流电流挡,分2 mA,20 mA,200 mA,10 A四挡;7—直流电流挡,分2 mA,20 mA,200 mA,10 A四挡;8—测量二极管好坏、极性,判断电线通断,通路时蜂鸣器会响;9—电阻挡,分200,2 k,20 k,200 k,2 M,20 M,200 M七挡;10—保持键,按下后液晶面板上的显示值保持不变;11—测量电流时红表笔插入孔,仅10 A量程使用;12—测量电流时红表笔插入孔,除10 A量程外其他量程使用;13—黑表笔插入孔;14—测量电压、电阻、二极管时红表笔插入孔;15—液晶屏,上面显示的值就是对应挡位的测量结果。

图8.2　数字式万用表面板各个部分说明

　　万用表是比较精密的仪器,使用不当不仅会造成测量不准确,而且易使其损坏,因此使用万用表时应注意以下事项:

（1）一般测量电阻、电压、电流时，只需将量程转换开关打到相应位置，表笔插在相应插孔中即可。但在测量之前一定要确认选择开关置于正确的功能挡位，并将红黑表笔插入正确的孔位，不然有可能损毁万用表。特别提醒：勿用万用表的电流测量挡位去测量电压，否则将会严重损毁万用表。

（2）测量时，手指不要接触表笔金属部分和被测元器件。

（3）测量中如需转换量程，必须在表笔离开电路后才能进行，否则会烧坏选择开关触点。

（4）电阻挡、电容挡、三极管挡只能测量非带电线路。

2. 电表改装原理

将微安表扩大量程的原理，是先根据需要的量程计算与微安表表头并联或串联的电阻阻值，然后将微安表和电阻构成的电路对外等效成扩大量程后的电流表或者电压表。

（1）改装小量程微安表为大量程电流表

利用并联（Parallel Connection）电路的分流特点，通过将一个电阻与微安表并联，可提高微安表的量程。如图 8.3 所示，假设可调电阻内阻为 R_p，通过可调电阻的电流为 I_p；微安表内阻为 R_g，通过微安表的电流为 I_g。因可调电阻两端的电压与微安表两端的电压相同，所以

$$R_p I_p = R_g I_g \tag{8.1}$$

即

$$I_p = \frac{R_g}{R_p} I_g \tag{8.2}$$

因此通过此并联电路的电流 I 为

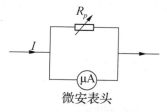

图 8.3　微安表量程变换

$$I = I_p + I_g = \left(1 + \frac{R_g}{R_p}\right) I_g \tag{8.3}$$

所以,若要将量程为 I_g 的微安表改装成量程为 I 的电流表,只需并联一个相应比例关系的电阻即可。

(2) 改装电流表为电压表

利用串联(Series Connection)电路的分压特点,通过将一个电阻与微安表串联,可将微安表改装成电压表。如图 8.4 所示,因微安表与可调电阻上电流相同,假设可调电阻内阻为 R_s,微安表内阻为 R_g,流经的电流为 I_g,则有

$$U = (R_g + R_s) I_g \tag{8.4}$$

所以,若要将量程为 I_g 的微安表改装成量程为 U 的电压表,只需串联一个相应阻值的电阻即可。

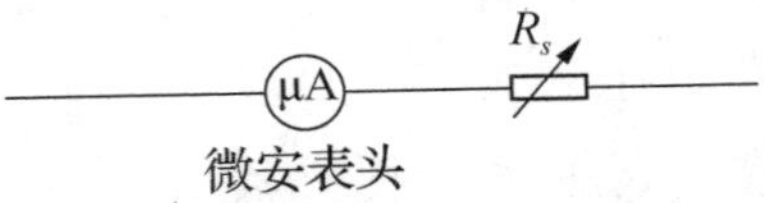

图 8.4　改装电流表为电压表

(3) 改装表的校准

将改装后的电表与标准表同时对同一对象(电流或电压)进行测量,并将测量结果相互比较,以确定改装表的示值误差的过程就是校准。

3. 电表的准确度等级

电表的准确度等级用来表明电表的精确度,通常会在电表的度盘上标出。我国规定电表分为 7 个等级,即 0.1,0.2,0.5,1.0,1.5,2.5 和 5.0,且等级数值越小精确度越高。那么准确度等级如何确定呢? 用改装表和标准表进行多次测量,然后将两者差值的最大值除以标准表的量程再乘以 100,即可确定准确度等级。

四、实验内容与数据表格

1. 用替换法测量微安表内阻

(1) 按图 8.5 搭建电路,将电源电压调至 2 V,将 100 kΩ 可调电阻

顺时针调至较大值,然后接通开关,调节 100 kΩ 可调电阻,使微安表(量程为 100 μA)指针在一个较大的读数处(如 90 μA),记录此时万用表直流电流挡的准确读数值。

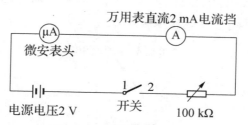

图 8.5　微安表头电路

(2) 按图 8.6 搭建好替换电路,即用 10 kΩ 可调电阻替换微安表头,调节该可调电阻使万用表的读数和刚才的记录值相同。

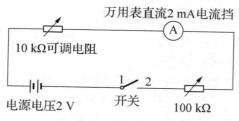

图 8.6　替换电路

(3) 将 10 kΩ 可调电阻移出电路,用万用表欧姆挡单独测量该可调电阻的阻值,这个值就是微安表的内阻 R_g。

(4) 重复测量 3 次,将数据填入表 8.1。

表 8.1　微安表内阻测量数据

测量次数	1	2	3	平均
微安表内阻 R_g(Ω)				

2. 改装 100 μA 量程的微安表为 1 mA 量程的电流表并校准

(1) 给定微安表量程 $I_g = 100$ μA,如果要将图 8.3 所示的电路改装成一个量程 $I = 1$ mA 的电流表,根据式(8.3)可得改装表并联电阻为

$$R_p = \frac{R_g}{\dfrac{I}{I_g} - 1} = \frac{R_g}{9} \tag{8.5}$$

根据微安表的内阻，这里选择 220 Ω 或 1 kΩ 可调电阻，将可调电阻调到 R_p 的计算值，按照图 8.7 改装电表。

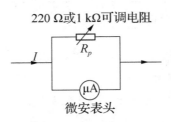

图 8.7 改装微安表

（2）以万用表直流 1 mA 电流挡为标准表，按图 8.8 连接好线路，在开关断开情况下校准改装表的机械零点。

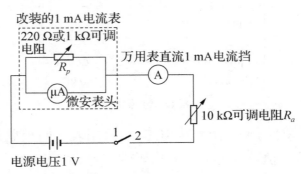

图 8.8 改装电流表校准电路

（3）满刻度校准：将 10 kΩ 可调电阻 R_a 调至最大，合上开关，然后缓慢降低 R_a 的阻值，使改装表正好指向满刻度，观察标准表是否显示 1 mA；若不是，先调 R_p 使标准表和改装表同刻度，再调 R_a 使改装表满刻度，如此反复直至改装表和标准表同时满刻度。校准后可调电阻 R_p 的阻值为分流电阻的实际值。

（4）刻度校准：满刻度校准后，调节可调电阻 R_a，使电流逐渐由大变小，然后再由小变大到满刻度。改装表每改变 0.1 mA，记录下对应标准表的读数，并填入表 8.2。

表 8.2 改装电流表校准数据

$R_g=$ _____ Ω $R_p=$ _____ Ω $R_{p校}=$ _____ Ω

改装表读数(mA)	0.1	0.2	0.3	0.4	0.5	0.6	0.7	0.8	0.9	1.0
增加时标准表 读数(mA)										
减小时标准表 读数(mA)										
标准表读数 平均值(mA)										
两者差值(mA)										

（5）根据表 8.2 中数据画出改装电流表的校准曲线，并确定改装电流表的准确度等级。

3. 改装 100 μA 量程的微安表为 10 V 量程的电压表

（1）给定微安表量程 $I_g=100$ μA，如果要将图 8.4 所示的电路改装成一个量程 $U=10$ V 的电压表，根据式（8.4）可得改装表串联电阻为

$$R_s=\frac{U}{I_g}-R_g=100 \text{ k}\Omega-R_g \qquad (8.6)$$

根据微安表的内阻，这里选择 100 kΩ 可调电阻，按照图 8.9 改装电表。

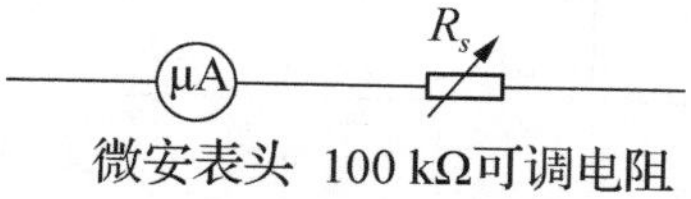

微安表头　　100 kΩ可调电阻

图 8.9 改装电压表

（2）以万用表直流 20 V 电压挡为标准表，按图 8.10 连接好线路，在开关断开情况下校准改装表的机械零点。

（3）满刻度校准：将 100 kΩ 可调电阻 R_a 调至最大，合上开关，然后缓慢降低 R_a 的阻值，使标准表示数正好为 10 V，并观察改装表是否显示 10 V；若不是，微调改装表可调电阻 R_s，使改装表满刻度显示。校准后 R_s 的阻值为分压电阻的实际值。

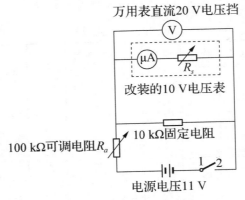

图 8.10　改装电压表校准电路

（4）刻度校准：满刻度校准后，调节可调电阻 R_a，使改装表电压逐渐由大变小，然后再由小变大到满刻度。改装表每改变 1 V，记录下对应标准表的读数，并填入表 8.3。

表 8.3　改装电压表校准数据

$R_g=$＿＿＿＿＿ Ω　　　　$R_s=$＿＿＿＿＿ Ω　　　　$R_{s校}=$＿＿＿＿＿ Ω

改装表读数（V）	1.0	2.0	3.0	4.0	5.0	6.0	7.0	8.0	9.0	10.0
增加时标准表读数（V）										
减小时标准表读数（V）										
标准表读数平均值（V）										
两者差值（V）										

（5）根据表 8.3 中数据画出改装电压表的校准曲线，并确定改装电压表的准确度等级。

五、注意事项

（1）实验时须注意安全用电；

（2）实验时须注意线路接头接触是否良好；

（3）实验时，只有在连接好线路之后才可以闭合开关；

（4）实验中，万用表的量程选择、电源电压以及可调电阻的最大阻值可适当改变。

六、思考题

（1）如果校准改装电流表时，发现改装表读数总是大于标准表读数，其原因是什么？如果是改装电压表出现此情况呢？

（2）实验中改装电流表和改装电压表的准确度等级分别是多少？

万用表的使用和电表
的改装（文档）

100 μA 微安表改装成
1 mA 电流表（视频）

实验九　伏安法测量电阻

原理难度系数：★★★　　　　**操作难度系数：★★★**

　　实验导读：伏安法测量电阻是高中物理阶段一个非常典型的电学实验，其原理清晰，结果明确。可在九孔插线板上完成电路的搭建和对实验内容的测量，这一过程对锻炼我们的动手能力、了解电路实验的规范性等都能起很好的作用。目前大学物理实验阶段没有安排这样的电路类实验，该实验作为一个引导性实验是对我们一次有益的补充。

　　实验背景：电阻是电子设备组成中必不可少的元件之一，在电路中起到降压、分流、限流的作用。通常在对电气设备进行检修时，往往要测量设备、元件和线路的电阻值。虽然可通过万用表欧姆挡以及单臂电桥或双臂电桥进行直接测量，但直接测量封装性较强。本实验我们通过伏安法测量线性元件和非线性元件间接获得电阻阻值。

一、实验目的

（1）了解常用电学元件的基本属性和使用方法；
（2）用伏安法测量线性元件和非线性元件（小灯泡）的伏安特性。

二、实验仪器

FB715 型物理设计性实验装置、电源、万用表、微安表。

三、实验原理

电阻（Resistance）是描述导体导电性能的物理量，一般用 R 表示。

电阻的量值与导体的材料、形状、体积以及周围环境等因素有关,其基本单位是 Ω, $k\Omega$ 和 $M\Omega$。电阻由导体两端的电压 U 与通过导体的电流 I 的比值来定义,即 $R = U/I$。所以,当导体两端的电压一定时,电阻越大,通过的电流就越小;反之,电阻越小,通过的电流就越大。因此,电阻的大小可以用来衡量导体对电流阻碍作用的强弱,即导电性能的好坏。

1. 电阻的类型

实验室常用的电阻有固定电阻值的定值电阻,包括碳膜电阻、金属膜电阻和线绕电阻等(如图 9.1 所示);还有阻值可变的电阻,包括电阻箱、滑线变阻器和电位器等(如图 9.2 所示)。

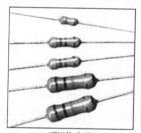  

(a) 碳膜电阻　　　(b) 金属膜电阻　　　(c) 绕线电阻

图 9.1　不同的定值电阻

(a) 电阻箱　　　(b) 滑线变阻器　　　(c) 电位器

图 9.2　可变电阻器

定值电阻的主要规格包括:

(1) 标称阻值,即生产电阻时给出的批量电阻阻值,同时给出阻值的误差范围(例如±5%,±1%)。

(2) 额定功率,即在长时间工作而不损坏或改变其性能的前提下,电阻允许消耗的最大功率。额定功率取决于电阻的几何尺寸和表面积,常用的有 1/8 W,1/4 W,1/2 W,1 W 和 2 W。

在使用定值电阻时,应根据电路要求选取合适的电阻。除了考虑阻值满足要求之外,还应根据电路中的最大电流估算确定电阻的功率。

可变电阻中,电阻箱的阻值误差包括两部分,即等级误差和接触电阻。等级误差即电阻箱的准确等级,一般分为 0.02,0.05,0.1,0.2 等,它表示电阻值的相对百分误差。如图 9.2 所示的电阻箱的等级误差为 0.1 级,当电阻为 87654.3 Ω 时,由电阻箱等级带来的误差为 87654.3 Ω× 0.1%＝87.7 Ω。另一类误差是调节旋钮时的接触电阻。对不同级别的电阻箱,接触电阻的标准亦不同。例如,0.1 级电阻箱规定每个旋钮的接触电阻不得大于 0.002 Ω。在使用较大阻值时,接触电阻带来的误差可以忽略,但是在使用较小电阻时,这部分误差却不容忽视。同样,对于图 9.2 所示的六钮电阻箱,当阻值为 0.5 Ω 时,接触电阻所带来的相对误差为 6×0.002 Ω/0.5 Ω＝2.4%。为此,电阻箱增加了小电阻接线柱,接触电阻就可小于 0.002 Ω,带来的误差大大减小。电位器的体积较小,在实际工作中使用普遍,但当电路需要通过较大电流时常用到滑线变阻器。

2. 伏安法测量电阻

伏安法测量电阻有电流表内接法和电流表外接法(如图 9.3 所示)。在不考虑接触电阻和导线电阻的情况下,我们可对测量误差作如下分析:当电流表内接时,电压表所测电压包含电流表上的电压,即

$$R_{测}＝\frac{U_A＋U_R}{I}＝R_{实}＋R_A \qquad (9.1)$$

因此测量值 $R_{测}$ 大于实际值 R_A,且待测电阻阻值与电流表内阻比值越大相对误差越小;而当电流表外接时,电流表所测电流包含流经电压表的电流,即

$$R_{测}＝\frac{U}{I_R＋I_V}＝\frac{R_{实}}{1＋\dfrac{R_{实}}{R_V}} \qquad (9.2)$$

因此测量值小于实际值,且待测电阻阻值与电压表内阻之比越小相对误差越小。

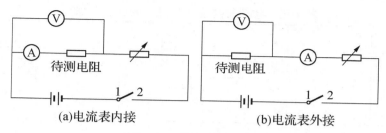

图9.3　伏安法测电阻

　　一般的数字式电压表内阻可达 10 MΩ,而电流表内阻较小,只有几欧到几十欧,从而结合以上分析可知,对于小阻值电阻,采用外接法相对误差较小;对于大阻值电阻,采用内接法相对误差较小。如果已知电流表内阻 R_A 和电压表内阻 R_V,则不论采用哪种方法,我们都可对测量结果进行修正。

　　根据阻值大小可将电阻分为低、中、高三种类型。低于 10^{-2} Ω 的为低阻值电阻,介于 $10^{-2}\sim10^6$ Ω 的为中等阻值电阻,高于 10^6 Ω 的为高阻值电阻。不同阻值范围的电阻应选用不同的方法进行测量。需要说明的是,对于低阻值电阻,除了考虑电表内阻的影响,还需考虑接触电阻和导线电阻的影响,因此不宜采用伏安法测量。

四、实验内容与数据表格

1. 测量线性元件的伏安特性

（1）微安表内接法测量电阻的伏安特性

① 按照图 9.3(a) 连接电路,选择一中等以上阻值电阻,如 10 kΩ 电阻进行测量,并记录下标准值。

② 调节可调电阻,使电压表显示电压等间隔增加,测量并记录对应的电流数据(将数据填入表 9.1);再通过比较相邻电流差值是否一致,判断是否线性。

③ 通过作图法得出电阻阻值,计算相对误差。

表 9.1　电流表内接法测量电阻伏安特性

电压(V)								
电流(mA)								
相邻电流差值(mA)	—							

（2）微安表外接法测量电阻的伏安特性

① 按照图 9.3(b)连接电路,可选择一稍低阻值电阻,如 100 Ω 电阻进行测量,并记录下标准值。

② 调节可调电阻,使电压表显示电压等间隔增加,测量并记录对应的电流数据(将数据填入表 9.2);再通过比较相邻电流差值是否一致,判断是否线性。

③ 通过作图法得出电阻阻值,计算相对误差。

表 9.2　电流表外接法测量电阻伏安特性

电压(V)								
电流(mA)								
相邻电流差值(mA)	—							

2. 测量非线性元件小灯泡的伏安特性

① 按照图 9.4 连接电路,电源电压选择为 12 V。

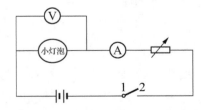

图 9.4　非线性线路伏安特性测量

② 调节可调电阻,使小灯泡两端的电压等间隔增加,测量并记录对应的电流数据(将数据填入表 9.3);再通过比较相邻电流差值是否一致,判断是否线性。

表 9.3　非线性线路伏安特性测量表

电压(V)	1.0	2.0	3.0	4.0	5.0	6.0	7.0	8.0	9.0	10.0
电流(mA)										
相邻电流差值(mA)	—									

五、注意事项

（1）实验时须注意安全用电；

（2）实验时须注意线路接头接触是否良好；

（3）实验时，只有在连接好线路之后才可以闭合开关；

（4）如果可调电阻的阻值不容易控制，则电压值可不进行等间隔变化，通过作图法而不是逐差法判断电阻元件是否线性。

六、思考题

（1）小灯泡的伏安特性具有非线性特征蕴含了什么样的物理机理？

（2）采用数字万用表作为电压表和电流表查看外接法和内接法的误差大小，并与理论预测的结果进行比较。

伏安法测量电阻
（文档）

伏安法测量电阻
（视频）

实验十　用分光计测玻璃三棱镜的折射率

原理难度系数：★★★★　　　　　　　**操作难度系数：★★★**

　　实验导读：本实验中对分光计的要求是认识其基本结构，观察分光计的调节，以及在老师的指导下测量相应的角度。分光计在大学物理实验课程"氢原子光谱"实验和"衍射光栅"实验中要再次接触到，届时需要同学们独立调节分光计和进行相应角度的测量。

　　实验背景：英国物理学家牛顿在 1666 年做了一个实验，从而揭开了颜色之谜。他让一束太阳光穿过狭缝照射到三棱镜上，从三棱镜另一侧的白纸屏上可以看到一条彩色的光带，而且这条光带的颜色是按红、橙、黄、绿、蓝、靛、紫的顺序排列的。之所以会发生光的色散现象，是因为介质折射率随光波频率或真空中的波长改变而改变。

　　折射率是描述介质材料光学性质的重要参量之一。光的折射定律指出，光在两种介质的平滑界面上发生折射时，入射角 i 与折射角 r 的正弦之比是一个常数，即

$$\frac{\sin i}{\sin r} = n$$

式中，常数 n 称为第二介质相对第一介质的折射率。

　　测量介质折射率的方法一般有两种，一种是几何光学方法，主要基于折射定律通过精确测量角度来求 n；另一种是物理光学方法，主要利用光波透过介质（或由介质面反射）时，透射光的位相变化（或反射光的偏振态变化）与折射率存在的密切关系来测定 n。

　　本实验采用几何光学的方法，利用分光计并采用最小偏向角法测量角度来求 n。

一、实验目的

（1）观察光的色散现象；

（2）通过观察分光计的调节了解分光计的作用和工作原理；

（3）了解最小偏向角的概念和利用其测量折射率的原理；

（4）学会使用分光计测量玻璃三棱镜的折射率。

二、实验仪器

分光计、汞灯、三棱镜。

三、实验原理

1. 折射率测量原理

如图 10.1 所示，当单色光从空气经三棱镜透光面 AB 入射，从另一透光面 AC 折射出去，光线将发生偏转，出射光线与入射光线所成的交角称为偏向角，用 δ 表示。从图中可得以下几何关系：

$$A+\varphi=180° \tag{10.1}$$

$$r_1+r_2+\varphi=180° \tag{10.2}$$

$$\delta=(i_1-r_1)+(i_2-r_2) \tag{10.3}$$

于是偏向角 δ 为

$$\delta=i_1+i_2-A \tag{10.4}$$

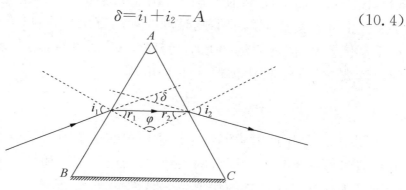

图 10.1　光线在三棱镜上的折射

对于给定的三棱镜,顶角 A 是一定的,则偏向角 δ 仅与 i_1 和 i_2 有关,而 i_2 又随 i_1 变化,所以偏向角 δ 仅仅取决于 i_1。可以证明,当 $i_1 = i_2$ 时 δ 有最小值,称为最小偏向角,用 δ_{min} 表示。此时入射光线和出射光线的方向相对于棱镜是对称的,可得

$$\delta_{min} = 2i_1 - A \tag{10.5}$$

因此入射角为

$$i_1 = \frac{A + \delta_{min}}{2} \tag{10.6}$$

另根据 $r_1 = r_2$,可得折射角

$$r_1 = \frac{A}{2} \tag{10.7}$$

则根据斯涅尔定律,三棱镜对于某一波长光的折射率 n 为

$$n = \frac{\sin i_1}{\sin r_1} = \frac{\sin \frac{1}{2}(A + \delta_{min})}{\sin \frac{A}{2}} \tag{10.8}$$

可见,只要测得三棱镜的顶角 A 和最小偏向角 δ_{min},就可计算出三棱镜玻璃对单色光的折射率。

2. 三棱镜顶角的测量原理

图 10.2 是用自准直法测量三棱镜顶角的示意图。分光计中的望远镜自身可产生平行光,固定载物台,转动望远镜至位置 I,使得望远镜光轴与棱镜 AB 面垂直(即使三棱镜 AB 面反射的十字像落在分划板双十字叉丝上部的交点上),记下此时刻度盘的方位角 θ_1' 和 θ_1'';然后转动望远镜至位置 II,使得望远镜光轴与棱镜 AC 面垂直,记下读数 θ_2' 和 θ_2''。两次读数的差值 φ 即为顶角 A 的补角,则

$$A = 180° - \left| \frac{(\theta_2' + \theta_2'') - (\theta_1' + \theta_1'')}{2} \right|$$

图 10.3 是用反射法测量三棱镜顶角的示意图。当望远镜置于 I 和 II 位置时可观察到反射回来的狭缝像,由反射定律和几何关系可以证明望远镜 I 和 II 接收位置的夹角 $\varphi = 2A$。

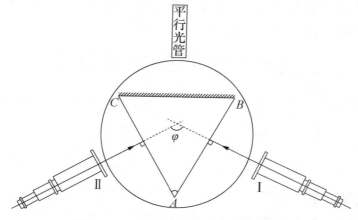

图 10.2　自准直法测量三棱镜顶角

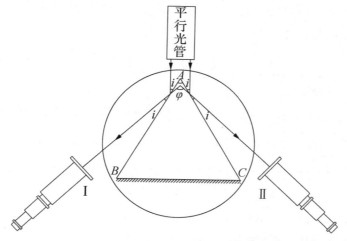

图 10.3　反射法测量三棱镜顶角

四、实验内容和数据表格

（1）调节分光计。

（2）调节三棱镜的主截面与分光计转轴垂直，观察白光的色散现象。

注意：以上两步主要由老师完成，学生在旁观察。

（3）测量三棱镜顶角 A：

按照图 10.2 将三棱镜摆放在分光计载物台上，即让三棱镜毛面对着平行光管,转动望远镜到Ⅰ和Ⅱ位置,当观察到反射回的绿色十字叉丝时读取数据并填入表10.1。

表 10.1　自准直法测三棱镜顶角 A

次数	夹角 φ				$\varphi=\dfrac{1}{2}|(\theta'_2+\theta'_2)-(\theta'_1+\theta'_1)|$	$A=180°-\varphi$	$\overline{A}$
	左游标 θ'_1	右游标 θ'_1	左游标 θ'_2	右游标 θ'_2			
1							
2							
3							

或者按照图10.3将三棱镜摆放在分光计载物台上,让三棱镜顶角对着平行光管,转动望远镜到Ⅰ和Ⅱ位置,当观察到反射回的狭缝像时读取数据并填入表10.2。

表 10.2　反射法测三棱镜顶角 A

次数	夹角 φ				$\varphi=\dfrac{1}{2}|(\theta'_2+\theta'_2)-(\theta'_1+\theta'_1)|$	$A=\dfrac{\varphi}{2}$	$\overline{A}$
	左游标 θ'_1	右游标 θ'_1	左游标 θ'_2	右游标 θ'_2			
1							
2							
3							

(4) 测量最小偏向角 $\delta_{\min}$:

① 转动游标盘(载物台上的三棱镜也随之转动),使三棱镜的光学入射面法线与入射光线大约成60°。如图10.4所示,用望远镜观看经三棱镜折射后的钠灯光谱线。

② 转动三棱镜改变入射角,观察绿光的变化,即绿光是否朝着入射光线的方向挪动。如是,则继续转动三棱镜;如否,则反方向转动三棱镜。直至绿光挪至某个位置不再朝着入射光线的方向移动,此时固定住三棱镜,读出入射白光和折射绿光的角度,两者差值即为绿光对应的最小偏向角。将所得数据填入表10.3。

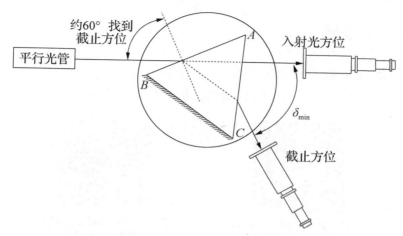

约60° 找到截止方位

平行光管

入射光方位

截止方位

$\delta_{\min}$

图 10.4　最小偏向角的测量

表 10.3　测量绿光的最小偏向角 $\delta_{\min}$

次数	入射光方位		截止方位		$\delta_{\min}=\dfrac{1}{2}\,\big|\,(\theta'_c+\theta''_c)-(\theta'_i+\theta''_i)\,\big|$	$\overline{\delta}_{\min}$
	左游标 θ'_i	右游标 θ''_i	左游标 θ'_c	右游标 θ''_c		
1						
2						
3						

（5）计算三棱镜绿光对应折射率：

$$n=\frac{\sin\dfrac{1}{2}(\overline{A}+\overline{\delta}_{\min})}{\sin\dfrac{1}{2}\overline{A}}=\underline{\qquad\qquad}$$

五、注意事项

（1）三棱镜为贵重光学元件，不得触摸三棱镜的光学面，同时谨防摔落打碎；

（2）分光计是较精密的光学仪器，须加倍爱护，不得在止动螺丝锁紧时强行转动望远镜，也不要随意拧动狭缝。

六、思考题

（1）如何测量三棱镜的顶角？

（2）如何确定最小偏向角的出射方位？

用分光计测玻璃三棱镜的　　　　　用分光计测玻璃三棱镜的
折射率（文档）　　　　　　　　折射率（视频）

实验十一　马吕斯定理的验证

原理难度系数：★★★★★　　　　　**操作难度系数：★★★**

实验导读：本实验涉及光的偏振现象。光的偏振现象对于同学们来说可能比较陌生,但其在日常生活中的应用却是相对广泛的,比如在摄影镜头前加偏振镜消除反光,使用偏振镜看立体电影,汽车上使用偏振片防止夜晚对面车灯晃眼等。另外,大学物理实验课程中的“旋光效应”实验就是以光的偏振现象为基础的。虽然从原理上来理解光的偏振现象需要一定的波动光学基础,但该实验的结论和操作却相对比较简单,因此可作为引导性实验。这里我们先从现象上来熟悉光的偏振现象,了解马吕斯定理,为后续课程相应内容的学习奠定一定的基础。

实验背景：偏振与光强、频率、相位一样,也是光波的基本属性之一。通过对光的偏振现象的研究,人们对光的传播(反射、折射、吸收和散射等)规律有了新的认识。近年来,基于光的偏振特性发展而来的各种偏振器件、偏振光仪器和偏振光技术在光调制器、光开关、光学计量、应力分析、光信息处理、光通信、激光和光电子学器件等方面都有着广泛的应用。马吕斯定理描述的是线偏振光通过检偏器后光强变化的规律,本实验着重验证该定理。

一、实验目的

(1) 了解偏振光的种类;

(2) 了解和掌握线偏振光的产生方法;

(3) 了解偏振片的透振方向和消光比等概念;

（4）验证马吕斯定理。

二、实验仪器

半导体激光器（波长为 650 nm，配有 3 V 专用直流电源）、两个固定在转盘上直径为 2 cm 的偏振片（注意转盘上的零读数位置不一定是透振方向）、带光电接收器的数字式光功率计（量程有 2 mW 和 200 μW 二挡）以及光具座。

三、实验原理

1. 偏振光的种类

振动方向对于传播方向的不对称性叫做偏振，它是横波区别于纵波的一个最明显的标志。光是电磁波，其电振动矢量 E 和磁振动矢量 H 与传播方向垂直，因此光波属于横波。偏振同光强、相位和频率等特性一样，为光波的基本属性。总体来讲，可以根据光波的偏振状态将其分成三类，即自然光、完全偏振光和部分偏振光。自然光在垂直于传播方向的平面内光矢量的振动方向是任意的，且各个方向的振幅相等，因此自然光不属于偏振光。完全偏振光可按光矢量的不同振动状态划分如下：若矢量沿着一个固定方向振动，称为线偏振光或平面偏振光；若光矢量的大小和方向随时间作周期性变化，且光矢量的末端在垂直于光传播方向的平面内的轨迹是圆或椭圆，则分别称为圆偏振光或椭圆偏振光。部分偏振光则是由自然光和完全偏振光叠加而成，在垂直于传播方向的平面上含有各个振动方向的光矢量，且光振动在某一方向是最显著的。图 11.1 从侧面和迎着光传播方向观察两个角度给出了自然光、线偏振光、圆偏振光、椭圆偏振光以及部分偏振光的电矢量振动方向。

2. 线偏振光的产生

本实验主要涉及线偏振光，下面介绍产生线偏振光的两种常用方法。

（1）反射和折射产生线偏振光

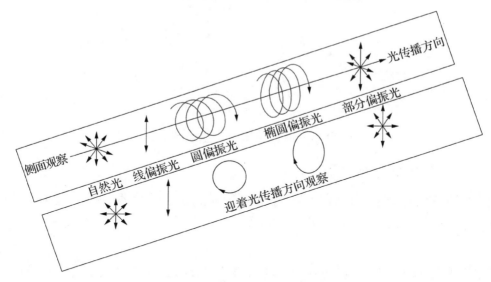

图 11.1　光波的不同偏振状态

　　根据布儒斯特定律,当自然光以 $i_b = \arctan n$ 的入射角从空气或真空入射至折射率为 n 的介质表面上时,其反射光为完全的线偏振光,振动面垂直于入射面(入射方向和介质表面法线所形成的平面);而透射光为部分偏振光。i_b 称为布儒斯特角。如图 11.2 所示,如果自然光以 i_b 入射到一叠折射率为 n 的平行玻璃片堆上,则经过多次反射和折射,最后从玻璃片堆透射出来的光也接近于线偏振光。

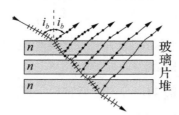

图 11.2　通过玻璃片堆产生线偏振光

　　(2)偏振片

　　某些物质能吸收某一方向的光振动而只让与这个方向垂直的光振动通过,这种性质称为二向色性。利用物质的二向色性制成的光学元件称为偏振片,当自然光透过偏振片后,透射光基本上为线偏振光(如图 11.3 所示)。

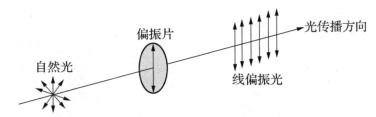

图 11.3　通过偏振片产生线偏振光

3. 马吕斯定理

马吕斯定理指出,强度为 I_m 的线偏振光通过检偏器后,透射光强度为

$$I = I_0 \cos^2 \theta$$

式中,θ 为入射光偏振方向与检偏器透振方向之间的夹角;I_0 为检偏器光轴与起偏器光轴平行时出射光强,因为偏振片存在吸收和反射现象,所以 $I_0 < I_m$。图 11.4 所示为马吕斯定理示意图。显然,当以光线传播方向为轴转动检偏器时,探测器接收到的光强 I 将发生周期性变化。当 $\theta = 0°$ 时,透射光强最大;当 $\theta = 90°$ 时,透射光强最小(消光状态),接近于全暗;当 $0° < \theta < 90°$ 时,I 介于最大值和最小值之间。

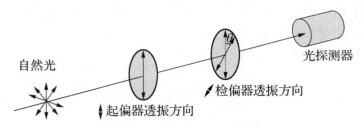

图 11.4　马吕斯定理示意图

四、实验内容和数据表格

(1) 在导轨上从左至右放置好光源、起偏器和光功率计。

(2) 实验采用波长为 650 nm 的半导体激光器,它发出的是部分偏振光,为了得到线偏振光,需先调节起偏器透振方向,使接收到的光强最大(注意:欲使接收到的光强稳定且最大,需调节偏振片表面,使之与光传播方向垂直）。

（3）在起偏器和光功率计间加入检偏器，先调整检偏器表面，使之与光传播方向垂直，然后转动检偏器透光轴方向使光功率计接收到的光强最大。此时检偏器读数记为 φ_0，光强记为 I_0。应反复多测几次，求出光强平均值 $\overline{I}_0$ 和检偏器读数平均值 $\overline{\varphi}_0$，并以 $\overline{\varphi}_0$ 作为检偏器转动初始角度（注意：起偏器和检偏器均为偏振片）。

（4）以 $10°$ 为间隔转动检偏器，记录下其角度 φ_1，测量光功率计接收到的光强 I。需要注意的是，在转动检偏器时需使之表面始终与光传播方向垂直，不然会引入较大的误差。另外，因根据实际情况适时变换光功率计量程。将所得数据填入表 11.1。

表 11.1　验证马吕斯定理结果

$\overline{\varphi}_0(°)$	$\varphi_1(°)$	$\theta(°)$	$I(\mu W)$	$\ln I$	$\cos\theta$	$\ln\cos\theta$
		0.0				
		10.0				
		20.0				
		30.0				
		40.0				
		50.0				
		60.0				
		70.0				
		80.0				
		90.0				

注：转角 $\theta=|\varphi_1-\overline{\varphi}_0|$，其中 $\overline{\varphi}_0$ 为检偏器透光轴与起偏器透光轴同向时的检偏器角度读数平均值。

（5）以 $\ln\cos\theta$ 为自变量，$\ln I$ 为应变量，对 $\ln I - \ln\cos\theta$ 进行直线拟合，求出函数 $I=I_0\cos^n\theta$ 中的 n，以此证明马吕斯定理。

五、注意事项

（1）偏振片等光学元件表面不能用手触摸，同时要注意轻拿轻放；

（2）实验时眼睛不能直视激光束。

六、思考题

（1）在测最大光强 I_0 以及初始角度 φ_0 时为何必须反复多测几次求平均值？

（2）为何检偏器透光轴方向每次转至同样的角度时光功率计接收到的光强不太一致？

马吕斯定理的验证
（文档）

马吕斯定理的验证
（视频）

实验十二　薄透镜焦距的测定

原理难度系数：★★★★　　　　操作难度系数：★★★★

实验导读：透镜是大家熟知的一种光学元件，人们使用透镜的历史可追溯到古希腊和古罗马时代，那时就用透镜来进行放大和聚光引火。现在透镜在生产、生活中很常见，大到天文观测用的大型望远镜，小到我们身边的放大镜、眼镜、照相机、显微镜等。通过"薄透镜焦距的测定"这个实验可使我们重温中学物理基础实验，进一步总结和体验各种不同测量方法之间的区别和优劣。

实验背景：透镜是组成各种光学仪器的基本光学元件，焦距则是透镜的一个重要参数。在不同的使用场合，往往要选择合适的透镜或透镜组，这就需要我们测定透镜的焦距。本实验通过不同的实验方法来研究薄透镜的成像规律，并测定其焦距。

一、实验目的

（1）了解薄透镜的成像规律；
（2）掌握光学系统的共轴调节；
（3）掌握测定凸透镜和凹透镜焦距的方法。

二、实验仪器

光具座、薄透镜、光源、像屏、观察屏、平面反射镜等。

三、实验原理

1. 薄透镜成像公式

透镜是用透明物质制成的表面为球面一部分的光学元件,当透镜的厚度远比其焦距小得多时,这种透镜称为薄透镜。在近轴光线(靠近光轴且与光轴夹角很小的光线)的条件下,薄透镜成像的规律可表示为

$$\frac{1}{u}+\frac{1}{v}=\frac{1}{f} \tag{12.1}$$

式中,u 表示物距,实物为正,虚物为负;v 表示像距,实像为正,虚像为负;f 为透镜的焦距,凸透镜为正,凹透镜为负。

2. 凸透镜焦距的测量

图 12.1 所示为凸透镜的成像规律及其应用实例。

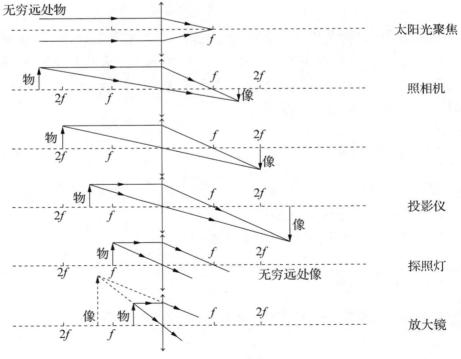

图 12.1 凸透镜成像规律及应用实例

（1）自准直法

如图 12.2 所示,将物 AB 放在凸透镜的前焦面上,这时物上任一点发出的光束经透镜后成为平行光,由平面镜反射后再经透镜会聚于透镜的前焦平面上,得到一个大小与原物相同的倒立实像 $A'B'$。此时,物屏到透镜之间的距离就等于透镜的焦距 f。

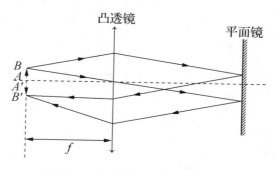

图 12.2　自准直法测凸透镜焦距

（2）物距-像距法$(u>f)$

通过图 12.1 可见,如果物距大于焦距,则物体发出的光线经凸透镜会聚后将在另一侧成一实像。因此只要在光具座上分别测出物体、透镜及像的位置就可得到物距和像距,再把物距和像距代入式(12.1)得

$$f=\frac{uv}{u+v} \tag{12.2}$$

由式(12.2)即可算出透镜的焦距 f。

（3）共轭法（又称贝塞尔法或称两次成像法）

如图 12.3 所示,固定物 AB 与像屏的间距为 $L(L>4f)$,当凸透镜在物 AB 与像屏之间移动时,像屏上可以成一个大像和一个小像,这就是物像共轭。当凸透镜在位置 1 时,呈现清晰倒立的放大实像 A_1B_1;当凸透镜在位置 2 时,呈现清晰倒立的缩小实像 A_2B_2。根据透镜成像公式可知 $u_1=v_2,v_1=u_2$(因为透镜的焦距一定)。

若透镜在两次成像时的位移为 d,则从图中可以看出

$$L-d=u_1+v_2=2u_1$$

故

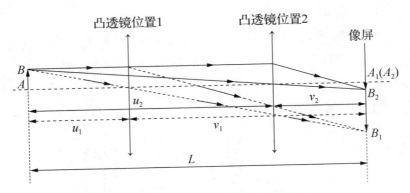

图 12.3　共轭法测凸透镜焦距

$$u_1 = \frac{L-d}{2}$$

再由

$$v_1 = L - u_1 = L - \frac{L-d}{2} = \frac{L+d}{2}$$

可得

$$f = \frac{u_1 v_1}{u_1 + v_1} = \frac{L^2 - d^2}{4L} \tag{12.3}$$

即由式(12.3)可知只要测出 L 和 d，就可计算出焦距 f。

　　共轭法的优点是把焦距的测量归结为对可以精确测量的量 L 和 d 的测量，避免了测量物距和像距时因估计透镜光心位置不准带来的误差。

3. 凹透镜焦距的测量

　　图 12.4 所示为凹透镜的成像规律。由该图可以看出凹透镜是发散透镜，凹透镜对实物成虚像，且虚像的位置在实物和凹透镜之间。因此我们无法直接测量凹透镜的焦距，常用视差法或借助于凸透镜来测量。

　　(1) 视差法(选作)

　　视差是一种视觉差异现象。设有远近不同的两个物体 O_1 和 O_2，若观察者正对着 $O_1 O_2$ 连线方向看去，O_1 和 O_2 是重合的；若将眼睛摆动着看，O_1 和 O_2 间似乎有相对运动，远处物体的移动方向跟眼睛的移动方向相同，近处物体的移动方向相反。O_1 和 O_2 间距离越大，这种现象越明显(视差越大)；O_1 和 O_2 间距为零(重合)，就看不到这种现象(没有视差)。因

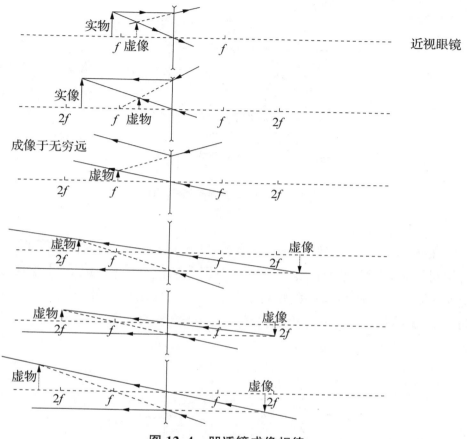

图 12.4　凹透镜成像规律

此,根据视差的情况可以判定 O_1 和 O_2 两物体谁远谁近及是否重合。

视差法测量凹透镜焦距时,在物和凹透镜之间放置一块有刻痕的透明玻璃片,当透明玻璃片上的刻痕和虚像无视差时,透明玻璃片的位置就是虚像的位置。

图 12.5 所示为视差法测凹透镜焦距光路。实验中物 AB 是物屏上的箭头,其虚像的位置不能直接用像屏测定。实验时将一有刻痕的透明玻璃片装到光具座上,让它在物屏和透镜之间移动,眼睛在透镜另一侧观察。观察的要点是从凹透镜里边看物,从凹透镜外边看刻痕,且眼睛左右移动观察。当透镜中物的虚像与镜外玻片刻痕间没有视差时,由光具座标尺测出物屏及刻痕到透镜的距离,即为 u 和 v(v 为负值),将它们

代入式(12.2)即可求得焦距 f。

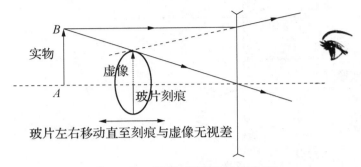

图 12.5　视差法测凹透镜焦距

（2）自准直法

按图 12.6 所示摆好物体、凸透镜、凹透镜以及平面镜。调节凹透镜的相对位置，直到物屏上出现和物大小相等的倒立实像，记下凹透镜的位置 x_1；再拿掉凹透镜和平面镜，则物经凸透镜后在某点处成实像（此时物和凸透镜不能动），记下此点的位置 x_2。凹透镜的焦距 $f=-|x_2-x_1|$。

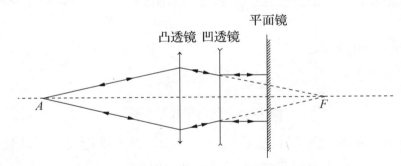

图 12.6　自准直法测凹透镜焦距

（3）物距-像距法

直接测量凹透镜物距和像距难以两全，我们需要借助于凸透镜成一个倒立的实像作为凹透镜的虚物，则虚物的位置可以测出；又凹透镜能对虚物成像，则实像的位置可以测出。

测量的原理如图 12.7 所示。物 AB 经过凸透镜 L_1 成像 $A'B'$。在 L_1 和 $A'B'$ 之间插入待测凹透镜 L_2，对于凹透镜 L_2 而言，虚物 $A'B'$ 又成像于 $A''B''$。调整 L_2 和像屏到合适的位置，就可以找到透镜组所成的实

像 $A''B''$。因此可以把 u 当作物距(u 为负值),v 当作像距,根据式(12.2)得到凹透镜焦距。

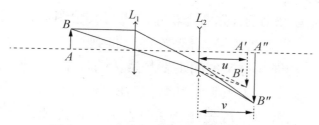

图 12.7　物距-像距法测凹透镜焦距

四、实验内容及数据表格

1. 光学系统的共轴调节

薄透镜成像公式仅在近轴光线的条件下才成立,而只有在共轴状态下才能满足近轴光线的要求。因此在测量之前先要将整个光学系统调节到共轴状态,即各透镜的光轴以及其他光学元件中心重合一致,其余物体中心重合,并使物面和屏面垂直于光轴,光轴与导轨平行。要达到共轴状态,需要进行两步调节。

（1）粗调

将安装在光具座上的所有光学元件沿导轨靠拢在一起,调节其高低和左右位置,用眼睛仔细观察,使各元件的中心同轴等高,并使物面和屏面与导轨垂直。

（2）细调

对单个透镜可以利用成像的共轭原理进行调整。实验时,为使物的中心、像的中心和透镜光心达到"同轴等高"要求,只要在透镜移动过程中使大像中心和小像中心重合就可以了。

对于多个透镜组成的光学系统,则应先调节好与其中一个透镜共轴,不再变动,再逐个加入其余透镜进行调节,直到所有光学元件都共轴为止。

2. 测量凸透镜的焦距

(1) 自准直法

光路如图 12.2 所示,先对光学系统进行共轴调节,实验中要求平面镜垂直于导轨。移动凸透镜,直至物屏上得到一个与物大小相等、倒立的实像,则此时物屏与透镜的间距就是透镜的焦距。但通常像屏在像点附近小范围内移动时,人眼无法判断何时所见的像为最清晰的像。因此为了判断成像是否清晰,可先让透镜自左向右逼近成像清晰的区间,待像清晰时记下透镜位置;再让透镜自右向左逼近,在像清晰时又记下透镜的位置。取这两次读数的平均值作为成像清晰时透镜位置的读数。重复测量 3 次,将数据填于表 12.1,并求出焦距的平均值。

表 12.1 自准直法测凸透镜焦距

物屏位置 $x_0 = $ _____ cm

单位:cm

次数(n)	凸透镜位置 x (左→右)	凸透镜位置 x (右→左)	平均值 $\overline{x}$	$f_n = \|\overline{x} - x_0\|$
1				
2				
3				
焦距平均值				

(2) 物距-像距法

先对光学系统进行共轴调节,然后取物距 $u \approx 2f$,保持 u 不变,移动像屏,仔细寻找像清晰的位置,测出像距 v。重复测量 3 次,将数据填于表 12.2,求出 v 的平均值,再代入式(12.2)求出焦距。

(3) 共轭法

取物屏和像屏的距离 $L > 4f$,固定物屏和像屏,对光学系统进行共轴调节。然后移动凸透镜,当像屏上呈现清晰放大实像时,记录下凸透镜位置 x_1;再移动凸透镜,当像屏上呈现清晰缩小实像时,记录下凸透镜位置 x_2。则两次成像透镜移动的距离为 $d = \|x_2 - x_1\|$。计算出物屏和像屏之间的距离 L,根据式(12.3)求出 f。重复测量 3 次,将数据填于

表 12.3,并求出焦距的平均值。

表 12.2　物距-像距法测凸透镜焦距

物屏位置 $x_0 =$ _____ cm　　　　透镜位置 $x_1 =$ _____ cm　　　单位:cm

次数(n)	像屏位置 x_2（左→右）	像屏位置 x_2（右→左）	平均值 $\bar{x}_2$	$v_n = \lvert \bar{x}_2 - x_1 \rvert$	焦距 f
1					
2					
3					
像距平均值					

表 12.3　共轭法测凸透镜焦距

物屏位置 $x_0 =$ _____ cm　　　　像屏位置 $x_3 =$ _____ cm

$L = \lvert x_3 - x_0 \rvert =$ _____ cm　　　　　　　　　　　单位:cm

次数(n)	透镜位置 x_1	透镜位置 x_2	$d = \lvert x_2 - x_1 \rvert$	$f_n = \dfrac{L^2 - d^2}{4L}$
1				
2				
3				
焦距平均值				

3. 测量凹透镜的焦距

（1）自准直法

先对光学系统进行共轴调节,然后把凸透镜放在稍大于两倍焦距处;移动凹透镜和平面反射镜,当物屏上出现与原物大小相同的实像时,记下凹透镜的位置读数;然后去掉凹透镜和平面反射镜,放上像屏,用左右逼近法找到 F 点的位置。重复测量 3 次,将数据填于表 12.4,并求出焦距平均值。

（2）物距-像距法

在光具座上依次放上光源、物屏、凸透镜和像屏,对光学系统进行共轴调节,然后使物屏和像屏的距离稍大于凸透镜焦距的 4 倍;开启光源,使被光源照亮的物屏通过凸透镜在像屏上成清晰像,记录下此时像屏的位置;再在凸透镜和像屏之间加入待测凹透镜,共轴调节后向稍远处移动像屏,直至像屏上又出现清晰像,记录下凹透镜和此时像屏的位置。重复测量 3 次,将数据填于表 12.5,并求出焦距平均值。

表 12.4 自准直法测凹透镜焦距

单位:cm

次数 (n)	凹透镜位置 (左→右)	凹透镜位置 (右→左)	平均	F 点位置 (左→右)	F 点位置 (右→左)	平均	f_n
1							
2							
3							
焦距平均值							

表 12.5 物距-像距法测凹透镜焦距

物屏位置_____cm   凸透镜位置_____cm   单位:cm

次数 (n)	像屏位置	凹透镜位置	加入凹透镜 后像屏位置	物距	像距	f_n
1						
2						
3						
焦距平均值						

五、注意事项

(1) 计算时注意按照符号规则确定物距、像距和焦距的正负号;

(2) 移动透镜时注意保持其光轴始终与导轨平行,移动物屏和像屏时注意保持其表面始终与导轨垂直。

六、思考题

（1）采用共轭法测凸透镜焦距时，为什么必须使 $L>4f$？请证明此结论。

（2）实验过程中可能会受"假像"干扰，请分析假像产生的原因以及辨别方法。

薄透镜焦距的
测量(文档)

同轴等高的调节
(视频)

共轭法测量凸透镜
焦距(视频)

自准直法测量凸透镜
焦距(视频)

物距-像距法测量凸透镜
焦距(视频)

物距-像距法测量凹透镜
焦距(视频)

自准直法测量凹透镜
焦距(视频)

实验十三　利用气体力桌研究物体的运动

原理难度系数：★★★　　　　**操作难度系数：★★★★**

　　实验导读：高中物理中牛顿力学内容涉及较多，同学们掌握得也较为扎实。利用气体力桌研究物体的运动是一个相对开放的力学综合实验，可利用给定的实验器材自行选择实验项目，学有余力的同学也可自行设计实验内容。因此，本实验对于锻炼我们的动手能力和思维能力非常有益。

　　实验背景：气体力桌设计原理类似气垫导轨，通过在滑块和桌面之间产生一层薄薄的气垫，使滑块"漂浮"在桌面上，从而消除了接触摩擦，在忽略空气粘滞阻力的情况下可视为无摩擦运动。通过与遥控计时器的配套使用，气体力桌可用于设计相应实验研究牛顿运动三大定律。牛顿运动三大定律包括惯性定律、加速度定律和作用力与反作用力定律，由牛顿于1687年在《自然哲学的数学原理》一书中总结提出。气体力桌的适用范围是经典力学范围，适用条件是质点、惯性参考系以及宏观、低速运动问题；同时由于滑块可在桌面上做二维运动，因此还可进行圆周运动、抛物线运动等曲线运动形态的研究。

一、实验目的

　　（1）学习调节气体力桌至水平状态；

　　（2）测量物体的速度，研究牛顿第一定律以及速度与冲量之间的关系；

　　（3）测量物体的加速度，研究牛顿第二定律；

（4）研究弹性碰撞和非弹性碰撞，验证动量守恒定律；

（5）研究匀速圆周运动和变速圆周运动。

二、实验仪器

气体力桌、遥控计时器、滑块、四台阶角度垫块、定滑轮、弹性碰撞泡沫环等。

三、实验原理

1. 物体运动速度和加速度的计算

本实验可通过滑块内置的墨盒打印滑块运动的轨迹。运动轨迹的打印时间由遥控计时器来控制，计时间隔 Δt 可调，如可设置为 20 ms，25 ms，30 ms，…，100 ms，且每一计时单位内可连续打 5 个点。运动速度可通过运动轨迹得到，如果是直线运动，根据图 13.1 可得速度为

$$v = \frac{d_{P_i P_{i+1}}}{\Delta t} \tag{13.1}$$

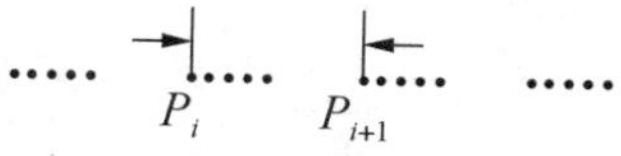

图 13.1 速度的计算

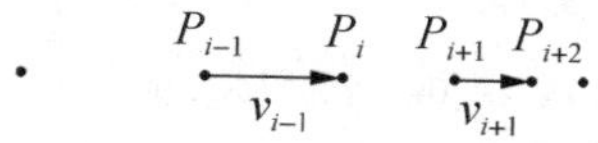

图 13.2 加速度的计算

如果是加速运动，忽略一个计时单位中的其他点，如图 13.2 所示，可得加速度的大小为

$$a = \frac{v_{i+1} - v_{i-1}}{2\Delta t} \tag{13.2}$$

2. 重力加速度的测量

根据牛顿第二定律，物体的加速度 a 与物体所受的合外力 F 成正比，与物体的质量 m 成反比，即 $F = ma$，且加速度的方向与合外力的方向相同。

（1）通过定滑轮测量重力加速度

如图 13.3 所示，将绳子一端通过魔术贴与滑块固定，另一端通过定

滑轮与砝码连接,使滑块在砝码重力的作用下发生加速运动。如果绳子处于水平状态,且绳子与滑轮之间没有相对位移,则对砝码进行受力分析可得

$$m_{\mathrm{f}}g - m_{\mathrm{h}}a = m_{\mathrm{f}}a \qquad (13.3)$$

式中,m_{h}为滑块的质量,m_{f}为砝码的质量。通过测量滑块的加速度,可得到重力加速度的大小。

（a）一端与滑块连接　　　　　（b）另一端与砝码连接

图 13.3　滑块在砝码重力的作用下发生加速运动

（2）通过斜坡运动测量重力加速度

用角度垫块将桌面置成倾斜状态（如图 13.4 所示）,使滑块从高处下滑。假设倾斜角度为 α,则下滑加速度与重力加速度之间的关系为

$$a = g\sin\alpha$$

由此可得重力加速度为

$$g = a/\sin\alpha \qquad (13.4)$$

图 13.4　气体力桌处于倾斜状态

3. 圆周运动

（1）匀速圆周运动

将气体力桌调至水平状态，将固定钢块放置在桌面中心，并通过绳子与滑块连接（如图 13.5 所示）。给滑块一初始速度，则向心力大小为

$$F = m\frac{v^2}{R} \tag{13.5}$$

式中，m 为滑块质量，v 为线速度，R 为半径。

图 13.5　滑块在水平放置的气体力桌上发生匀速圆周运动

打点得到圆周运动轨迹后需要确定圆心。确定圆心的方法很多，比如可通过任意两条不平行的弦的垂直平分线的交点来确定圆心的位置（如图 13.6 所示），再通过观察相邻两点的圆心角大小进而判断所做运动是否为匀速圆周运动。

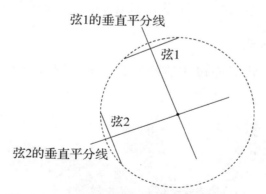

图 13.6　匀速圆周运动的轨迹及圆心确定

也有多种方法判断线速度的大小，比如通过求解相应圆弧的弧长，

可得线速度的大小为

$$v = \frac{\Delta\theta \cdot R}{\Delta t} \tag{13.6}$$

式中，$\Delta\theta$ 为 Δt 时间内滑块运行轨迹（圆弧）的圆心角的弧度值。在得到线速度的基础上，根据式（13.5）可得向心力的大小。

（2）变速圆周运动

用角度垫块将桌面置成倾斜状态，将固定钢块放置在桌面中心，并通过绳子与滑块连接。给滑块一初始速度，使之做变速圆周运动。假设气体力桌倾角为 α，则当滑块运动至最高点（如图 13.7 所示）时的临界条件为绳子对滑块没有力的作用，即由牛顿第二定律可得

$$mg\sin\alpha = m\frac{v_{临界}^2}{R} \tag{13.7}$$

则滑块能过最高点的条件为

$$v > v_{临界} = \sqrt{Rg\sin\alpha} \tag{13.8}$$

图 13.7 变速圆周运动（滑块处于最高点）

4. 抛物线运动

先按图 13.4 将桌面设置成一定的倾斜状态，再如图 13.8 所示，使

图 13.8 抛物线运动发力装置设置方式

用发力装置使滑块斜向上发射。此时滑块做抛物线运动,可根据运动轨迹(如图 13.9 所示)来判断滑块在水平方向和垂直方向的运动速度和加速度。

图 13.9　抛物线运动轨迹

5. 碰撞运动

弹性碰撞满足动量守恒定律和能量守恒定律,即

$$m_1v_1+m_2v_2=m_1v_1'+m_2v_2' \tag{13.9}$$

$$m_1v_1^2+m_2v_2^2=m_1(v_1')^2+m_2(v_2')^2 \tag{13.10}$$

非弹性碰撞满足动量守恒定律,但不满足能量守恒定律。

如图 13.10 所示,将泡沫装置装于滑块上,使两滑块产生弹性碰撞,并通过改变两滑块的初始状态和质量来验证动量守恒定律和能量守恒定律。

图 13.10　弹性碰撞

我们也可在两滑块上放置魔术贴,则当一个滑块撞向另一静止的滑块后两滑块以同一速度一起运动,此时发生完全非弹性碰撞。如果两滑块上不放置任何附件,则发生的碰撞为介于弹性碰撞和完全非弹性碰撞之间的非弹性碰撞。当两滑块发生非弹性碰撞时,能量守恒定律将不再成立。

四、实验内容和数据表格

1. 调节气体力桌至水平状态

调节气体力桌底部 3 个螺钉的高低,直至滑块最终稳定在桌面中间,则气体力桌处于水平状态。

2. 必做实验内容

(1) 速度与力的关系

将滑块固定在力发射装置上,使之在不同的冲量作用下产生匀速运动,记录下 10 个等间隔位置,并将数据填入表 13.1 中,再利用逐差法计算得到速度的大小。比较速度和发射装置力的关系。

表 13.1 速度与力的关系

相邻点时间间隔 $\Delta t =$ _____

$F(N)$	i	1	2	3	4	5	$\bar{v}(m/s)$
	$P_i(mm)$						
	$P_{i+5}(mm)$						
	$v(m/s)$						
	$P_i(mm)$						
	$P_{i+5}(mm)$						
	$v(m/s)$						
	$P_i(mm)$						
	$P_{i+5}(mm)$						
	$v(m/s)$						
	$P_i(mm)$						
	$P_{i+5}(mm)$						
	$v(m/s)$						

（2）重力加速度的测量

①通过定滑轮测量重力加速度

先按照图 13.3 放置好滑块,使之在砝码作用下产生运动,并将时间间隔设置为最小值 20 ms;打点后通过直尺量出各相邻点位置,填入表 13.2 中,得出滑块在各点的速度以及加速度的大小;最后根据式(13.3)得出重力加速度的大小,并与重力加速度标准值进行比较(南京地区的重力加速度为 9.794 m/s^2)。

表 13.2　通过定滑轮测量重力加速度

滑块质量 m_h＝_____　　　　砝码质量 m_f＝_____　　　　相邻点时间间隔 Δt＝20 ms

i	1	2	3	4	5	6	7	8	$\bar{a}(\mathrm{m/s^2})$
$P_i(\mathrm{mm})$									
$P_{i+8}(\mathrm{mm})$									

i	1	2	3	4	5	6	7
$v_i=\dfrac{P_{i+1}-P_i}{\Delta t}(\mathrm{m/s})$							
$v_{i+8}=\dfrac{P_{i+9}-P_{i+8}}{\Delta t}(\mathrm{m/s})$							
$a_i=\dfrac{v_{i+8}-v_i}{8\Delta t}(\mathrm{m/s^2})$							

②通过斜坡运动测量重力加速度

按照图 13.4 放置好滑块,使之在重力分量作用下产生运动,并将时间间隔设置为最小值 20 ms;打点后通过直尺量出各相邻点位置,填入表 13.3 中,得出各点速度以及加速度的大小;最后根据式(13.4)得出重力加速度的大小,并与重力加速度标准值进行比较。

3．选作实验内容

（1）匀速圆周运动

将滑块按图 13.5 放置好,给它一初始速度,按下计时器开始打点,待满一圈后停止计时;然后烧断绳子并同时开始计时打点。由图 13.6 所示方法确定圆心,用米尺量出半径,确定不同弧度角对应的时间间隔,将数据填入表 13.4,并根据式(13.6)计算线速度的大小;再将绳子烧断后的运动轨迹数据填入表 13.5,计算出滑块运动速度的大小。比较前后两个速度的差异,分析原因。

表 13.3　通过斜坡运动测量重力加速度

斜坡角度 $\alpha=$ _____　　　　相邻点时间间隔 $\Delta t=20$ ms

i	1	2	3	4	5	6	7	8	$\bar{a}(\text{m/s}^2)$
$P_i(\text{mm})$									
$P_{i+8}(\text{mm})$									
i		1	2	3	4	5	6	7	
$v_i=\dfrac{P_{i+1}-P_i}{\Delta t}(\text{m/s})$									
$v_{i+8}=\dfrac{P_{i+9}-P_{i+8}}{\Delta t}(\text{m/s})$									
$a_i=\dfrac{v_{i+8}-v_i}{8\Delta t}(\text{m/s}^2)$									

表 13.4　匀速圆周运动

圆周半径 $R=$ _____　　　　时间间隔 $\Delta t=$ _____

i	1	2	3	4	5	$\bar{v}(\text{m/s})$
θ_i						
θ_{i+5}						
$v(\text{m/s})$						

表 13.5　绳子烧断后的运动轨迹

i	1	2	3	4	5	$\bar{v}(\text{m/s})$
$P_i(\text{mm})$						
$P_{i+5}(\text{mm})$						
$v(\text{m/s})$						

（2）变速圆周运动

将滑块按图 13.5 放置在具有一定倾角的气体力桌上，使之产生变速圆周运动。通过改变圆周运动的初始速度，观察滑块能否通过最高点，并观察滑块在不同高度运动速度的区别（数据表格自拟）。

（3）抛物线运动

将滑块按图 13.8 放置好，使之在发力装置下斜向上运动，并同时按下计时器开始打点。根据运动轨迹分析滑块在水平方向和垂直方向的运动速度变化以及垂直方向加速度的大小，并结合斜坡运动分析重力加速度大小（数据表格自拟）。

（4）碰撞运动

将滑块按图 13.10 设置好并使之产生碰撞运动。可通过对滑块增加附件改变滑块质量，观察两滑块在质量相等和不相等情况下运动速度的变化，验证动量守恒定律；并查看能量守恒定律在哪种情况下是成立的，在哪种情况下是不成立的（数据表格自拟）。

五、注意事项

（1）实验前应将气体力桌调至水平状态；

（2）滑块在做匀速运动或加速运动时可能会越过气体力桌四周的围绳，操作时须谨防滑块摔落至地面而受损；

（3）滑块使用完毕应置于防干燥海绵垫上，以免墨盒出口干燥。

六、思考题

（1）如何设计实验来验证牛顿第三定律？

（2）除了上述运动形式，还可以利用该平台设计其他运动形式吗？如何设计？

利用气体力桌研究物体的运动（文档）

参 考 文 献

[1] 费业泰.误差理论与数据处理[M].6 版.北京:机械工业出版社,2010.

[2] 王海燕,李相银.大学物理实验[M].3 版.北京:高等教育出版社,2018.

[3] 戴玉蓉.预备物理实验[M].南京:东南大学出版社,2011.

[4] 孙晶华,张杨,刘晓瑜.预备性物理实验[M].哈尔滨:哈尔滨工程大学出版社,
2011.

[5] Davidzon M I. Newton's law of cooling and its interpretation[J]. International
Journal of Heat and Mass Transfer,2012,55:5397 – 5402.

[6] 任芳,徐婉静,赖凡,等.集成电路温度传感器技术研究进展[J].微电子学,
2017,47(1):110 – 113.

[7] 田德余,庞爱民.热力学函数温度系数手册:上、下册[M].北京:中国宇航出版
社,2014.